观　念　的　践　行　者

清华大学美术学院工业设计系

30年设计作品选集

Collection of Design Works for 30th Anniversary

Industrial Design Department
Academy of Arts & Design
Tsinghua University

清华大学美术学院工业设计系　编

中国建筑工业出版社
CHINA ARCHITECTURE & BUILDING PRESS

图书在版编目（CIP）数据

观念的践行者：清华大学美术学院工业设计系30年设计作品选集／清华大学美术学院工业设计系编. —北京：中国建筑工业出版社，2014.10

ISBN 978-7-112-17335-8

Ⅰ. ①观… Ⅱ. ①清… Ⅲ. ①工业设计－作品集－中国－现代 Ⅳ. ①TB47

中国版本图书馆CIP数据核字（2014）第223126号

责任编辑：李东禧　唐　旭　焦　斐　陈仁杰
责任校对：李美娜　王雪竹

观念的践行者：
清华大学美术学院工业设计系30年设计作品选集
清华大学美术学院工业设计系　编

*

中国建筑工业出版社出版、发行（北京西郊百万庄）
各地新华书店、建筑书店经销
北京锋尚制版有限公司制版
北京方嘉彩色印刷有限责任公司印刷

*

开本：889×1194毫米　1/20　印张：10⅗　字数：325千字
2014年10月第一版　2014年10月第一次印刷
定价：98.00元

ISBN 978－7－112－17335－8
（26109）

卷首语

中国的工业设计正在进入高速发展的阶段，在国家经济转型和自主创新的发展过程中，工业设计对于产业创新的整合作用体现得越来越突出。清华大学美术学院（原中央工艺美术学院）作为中国最早建立工业设计学科和教学体系的设计院校之一，在中国设计创新的教育、研究、实践领域不断探索，为国家建设和产业振兴做了大量工作。自20世纪60年代以来，一批中国现代设计的开拓者将包豪斯的设计理念引入中国，在中央工艺美术学院进行工业设计教育的启蒙性探索；随后，中央工艺美术学院于1977年建立工业美术系进行工业品的现代设计教育与实践。1984年，在一批海外留学归国教师的推动下，中央工艺美术学院在原有工业美术系的基础上正式建立工业设计系，至今已经走过了30个春秋。30年来，工业设计系为政府、产业、教育等社会各界输送了众多优秀的设计管理者、设计实践者、设计教育者……

回顾清华大学美术学院工业设计学科的发展历程，我们能够清醒地看到，在经历了阵痛式的启蒙和蓬勃性的发展阶段后，设计学科正面临着全新的社会、经济、文化等诸多层面的挑战与变革。值此建系三十周年之际，清华大学美术学院工业设计系通过出版教师和校友作品集以及学术论文集，力求回顾和总结中国工业设计教育和工业设计学科过去30年所走过的历程，探讨设计生态系统当下的热点话题，展望工业设计学科未来发展的趋势和轨迹。

清华大学美术学院院长

鲁晓波

目　录

观念的践行者：清华大学美术学院工业设计系30年设计作品选集教师组

苏 华

清华大学美术学院工业设计系教授 硕士研究生导师

兼任CMG国际色彩营销协会学术组中国专家、北京市运输管理局专家委员会委员、中国流行色协会理事、中国流行色协会教育委员会委员。
主要研究方向为色彩设计与色彩流行趋势研究。教授课程：色彩设计基础、色彩归纳、设计与色彩应用、色彩设计与色彩流行趋势研究。
主要设计：北京市出租车色彩设计方案、北京市公交车色彩设计方案、北京市公交车场站色彩调节方案、北京环卫车色彩设计方案、北京市郊区公交车设计方案、北京市交通执法车色彩设计方案。
发表作品：《中国现代美术全集》：水粉卷《石竹花》、《中国当代油画静物》：《余韵》、《炊趣》、《石竹花》、《随意》、《康乃馨》。
发表论文：《色彩教研与色彩流行趋势和市场消费需求的关联性研究》、《色彩基础课教学研究——以色彩理论应用为本的产学结合教学实践》、《见山是山 见水是水——色彩写生、色彩理论与色彩归纳的相续性研究》
获奖：北京出租车色彩设计方案中国汽车色彩大奖、北京公交车色彩设计方案中国汽车色彩提名奖。
应邀参加第六届亚太色彩研讨会，演讲题目《与时俱进的中国公共交通色彩》。应邀CMG（国际色彩市场监控组）亚太地区会议，演讲题目《通向中国的大门》。参与2008~2009年色彩流行趋势预测。参与2005~2007年色彩流行趋势预测。参与2010年中国首届汽车色彩流行趋势发布。

发表作品

图1发表于《中国当代油画静物》作品《随意》；图2发表于《中国现代美术全集》水粉卷作品《石竹花》；图3发表于《色彩作品赏析》作品《透明》；图4发表于《色彩作品赏析》作品《鸡冠花》

色彩设计与流行色趋势研究课程教学

一、设计色彩的理论研究

课堂教学中要把色彩基础理论转换成有效的色彩应用知识，需要强调色彩基础理论的重要性与其在设计应用中的关键点，教学中需要利用企业市场的平台，在课堂上不断注入新的内容与形式，把学生现有的色彩知识纳入正规设计色彩体系。设计理念要随着消费人群的需求不断变化而变化、随着市场营销理念不断更新而更新，把社会需求、市场营销、目标人群等信息作为资料来源，作为理论的验证平台；作为色彩应用训练的载体，能够有效提高教学效果。寻求企业与市场平台的支持，使其成为有利于教学的组成部分。

二、设计色彩的应用实践与流行趋势研究

色彩理论研究的价值最终由市场消费来体现验证，色彩理论研究引导了色彩流行趋势，流行色成就了企业与市场，成为每个年度市场消费亮点的因素之一。近年色彩营销这一经营手段已经成为我国企业市场商品销售的新战略。通过对我国企业与市场消费现状的分析，研究流行色趋势的产生因素及把握趋势变化的方法是本课程的重点。教学过程中要求学生理解色彩理论，给学生创造应用理论知识的机会，教学与实践结合是本课程的组成部分。研发结果用于教学。课上培养学生预测判断市场色彩对色彩流行与预测的能力。

出租车色彩设计方案

设计：B438苏华色彩工作室

《中华北京》方案的创意源于中国的《阴阳五行》的《五色说》。

中国古代哲学思想认为：世界是由“金木水火土”构成，“金木水火土”的相生相克，使世界发生变化。《五色说》中的五色分为正五色与间五色，是阴阳五行、四时、四方的象征，而黄色是中央土的象征。北京是中国的古都皇城，是中国的首都，因而选用位于中央的黄色作为出租车的基色，选用象征四时四方的八种色，代表祖国的四面八方，作为辅助色配合基色使用。整套方案在统一中又有丰富的变化，体现中国传统哲学、美学的意蕴。

《中华北京》的色彩方案选用的统一色配多色的用色方案，既有明确的行业标识色，又符合了人追求变化及需求全色相的视觉心理；在色彩定位方面，针对北京市的特性，配合北京城的地理、气候、人文，尤其是北京城市建筑色彩与北京市民着装颜色的习惯确定色彩，调节实色用色的明度与纯度：把八个配色——青、绿、赤、红、碧、白、玄、紫的色彩感觉调节到理论上与传统理念相同但又具有现代美感，能够被世界范围人接受欣赏的程度；使车身颜色取得与城市整体色彩的协调，在现代交通工具中融入了传统文化的韵味，充分体现了中国的特色，达到北京的出租车形象独树一帜的设计效果。

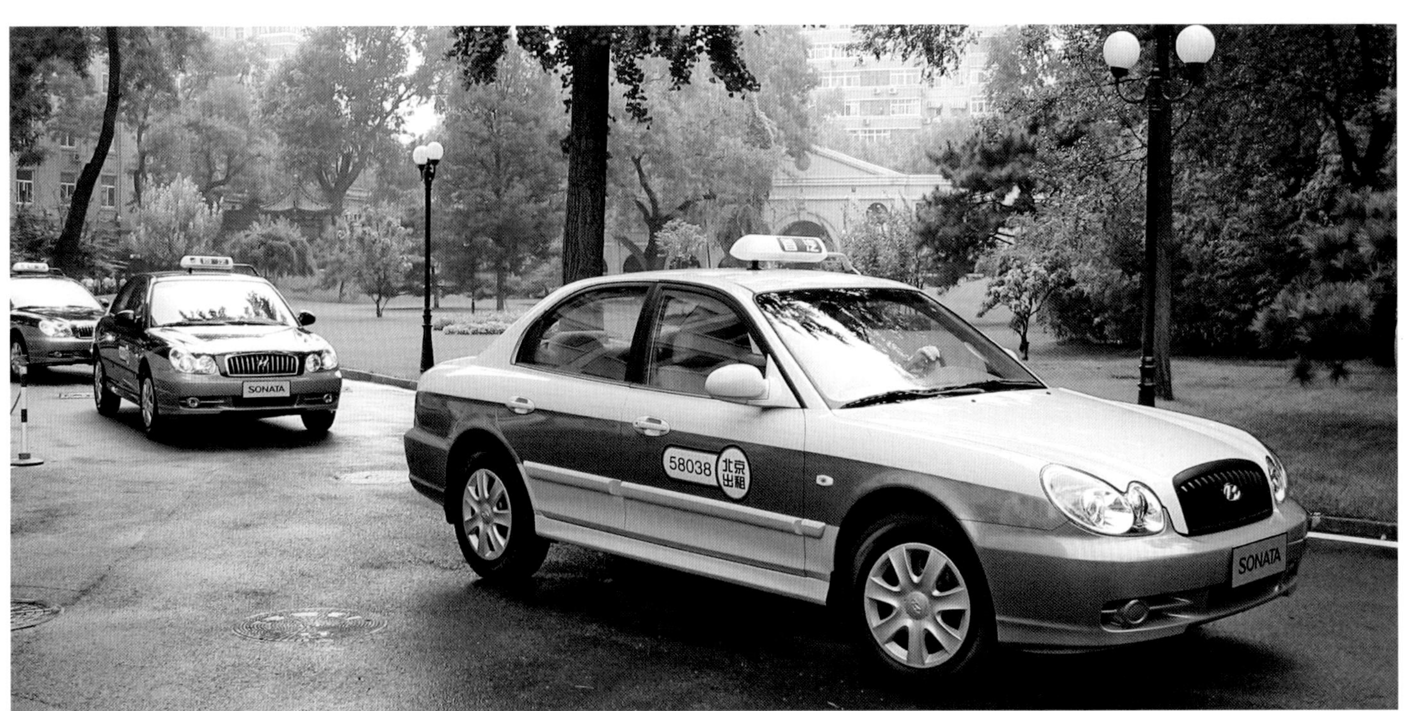

公交车色彩设计方案

设计：B438苏华色彩工作室

改变统一北京公交形象，用颜色划分北京公交车的功能线路，例如：使用红色的车为市内线路短的公交车；使用蓝色的车为市内线路长的公交车；使用绿色的车为市郊的公交车。色彩理论研究与色彩应用结合，设计方案与方案实施结合，深入生产线，积累实践经验用于完善理论研究的深入性。制定北京公交车专用色板，纳入北京市公共交通地方标准。

北京环卫车色彩设计方案

设计：B438苏华色彩工作室

环卫作业车是北京环卫集团工作形象的主要体现，随着北京城快速的发展，北京城市的外貌与市民的欣赏眼光也在随着发展并且快速地向国际化靠拢，因此，对环卫作业车的要求也不断提高，环卫作业车不但承担清洁美化城市环境的任务，也要美化自己的形象，具有被欣赏的价值，要成为北京城里的一道美丽风景线。因为环卫作业车有不同的作业用途，环卫集团作业车使用系列用色。

环卫集团作业车用色创意为《彩虹》系列，取意于环卫集团的工作结果是美化了城市。把不同功能的作业车用色彩区分功能，形成环卫集团特有的社会形象。具体的车型分模方式不同于社会各种车辆，醒目美观。制定北京环卫集团作业车车身外观图案、专用色板，获批专利。

柳冠中

清华大学美术学院责任教授，博士生导师
中国工业设计协会荣誉副会长兼专家委员会主任
国家教学指导委员会工业设计工程硕士领域组组长
清华大学艺术与科学中心设计战略与原型创新研究所所长
香港理工大学名誉教授
中国艺术研究院中国设计艺术院研究员；
中南大学兼聘教授、博士生导师
天津美术学院、哈尔滨工业大学等兼职教授
广东省人力资源职业能力开发专家顾问委员会委员

1943年9月生于上海。1961~1966年就读于中央工艺美术学院建筑装饰系（五年本科）。1974~1978年在北京市建筑设计院研究室从事室内设计，主要担任北京市公共建筑的灯具照明设计。曾完成“毛主席纪念堂灯具系列设计并主持结构设计与工艺实施工程”。1978~1980年就读于中央工艺美术学院工业美术系硕士，2年毕业，获硕士学位，毕业后留校任教。1981~1984年获得西德DAAD奖学金，赴西德国立斯图加特设计学院工业设计系作访问学者三年，在此期间，有一项“实用新型专利”——“节点”设计获准。1984年回国继续在中央工艺美术学院任教，于1984年8月~1999年任我国第一个工业设计系主任，开拓了我国工业设计教育体系，1992年主持制定的工业设计教学大纲获北京高等教学优秀成果二等奖。1989年被世界工业设计协会联合会名古屋大会邀请演讲。1989年被国家人事部、国家教委派授予“归国留学突出贡献”奖章。1992年被评为中央工艺美术学院教授。1997年主编并专著“工业设计学系统教材”获北方十省优秀图书一等奖。1997年主持的“工业设计专业”被轻工业部评为重点二级学科。1998年被评为“政府津贴学者”。1998年被香港理工大学授予“杰出访问学人”奖并被聘为荣誉教授。1998年被聘为中央工艺美术学院博士生导师。1999年主持的“手机概念设计”获第9届全国美术展览银奖。1999年中央工艺美术学院并入清华大学后，被聘为清华大学美术学院责任教授和博士生导师。2000年“人为事物科学——设计方法论”一文被德国HOCHENHEIM出版社登入《设计师必读》一书中（SBN 3-89850-018-7）。2001年主编及专著《工业设计学系统教材》被评为北京市高等教育优秀成果一等奖，以及国家教委高等教育优秀成果二等奖。2004年被德国著名“iF”机构聘为中国地区04年iF优秀设计评审委员。2002~2005年四次被清华大学评为“良师益友”称号。2008年被任命为全国工程硕士专业学位教育指导委员会工业设计领域教育协作组组长。2009年被聘为清华大学艺术与科学中心设计战略与原型创新研究所所长。

由于在学术上的造诣和教学、科研的显著成果。创立了“方式设计说”，“事理学”方法论、“设计文化论”、“共生美学”等理论，已被世界先进国家该学科理论界承认及引用。已成为国内工业设计学科的带头人，在该专业领域具有广泛的社会影响力。

《击打式农村洗衣机》设计

设计：柳冠中

广东农村洗衣机（旋压式）创新设计项目，针对广东地区最广大的普通农民大众，解决其日常生活中必不可少的洁衣问题。通过实地深入的调研访谈，项目组深入探寻农村用户的实际需求。以此为核心从原理、使用方式、外观造型等各个方面整合来自市场、技术等领域的信息，创新性地实现满足用户需求的洁衣产品。该创新设计方案在为农民用户实际解决问题、提升其生活质量的同时，具有良好的市场前景，产业化对接可行性高，拥有多方面的潜在价值。常规的波轮、滚筒洗衣机，即使是家电下乡的洗衣机，也不适合清洗农民的务农衣物，这种类型的衣物常常带有泥土、沙子等固体污物。清除泥沙和排除泥沙的能力很弱，这是很多农民朋友不愿购买洗衣机的重要原因之一。

依据古老的“棒打洗衣法”和“手搓洗衣法”原理并保留当前洗衣机的优秀的漂洗、脱水功能，创新出：“旋压式洗涤”的结构方案。

在上述这些结构和运作方式的作用下，不但可以还原“棒打洗衣法”和“手搓洗衣法”，有效清除泥沙和清洗衣物，还能将泥沙等小固体物顺利排出缸外。这样就圆满地解决了第一个核心需求！

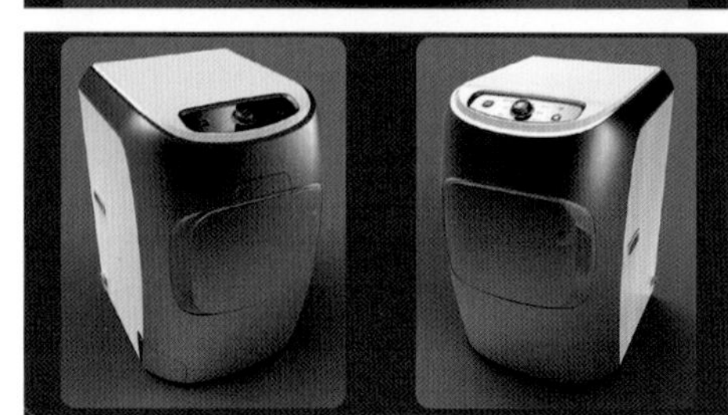

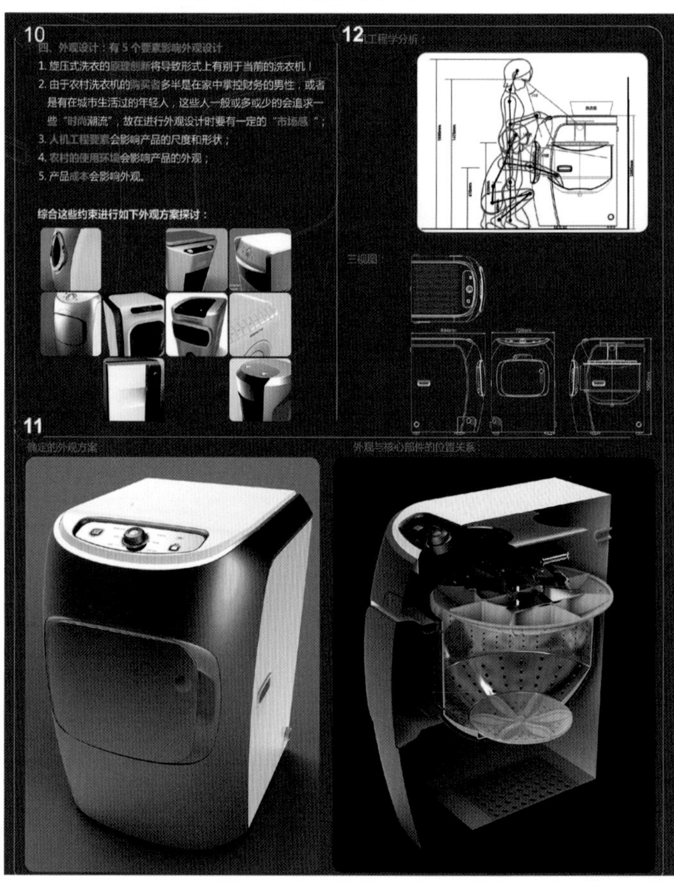

飞向未来——概念空港与组合飞机系统设计

设计创意：柳冠中
设计主持：柳冠中
设计：系统设计工作室1999年7月

飞机的速度很快，但乘机前后的程序、过程却既繁复又耗时，使原本高效交通方式的效率大大降低。之所以机场的规模、占地服务内容等无限扩延，皆因乘机方式的系统导致。

该方案的概念是在乘客去机场途中把登机前的手续在特制的“公共运载器”中完成，该运载器也是飞机的“内舱”。到了机场后只需将这内舱推入飞机内即可，几乎不需候机，自然机场及设施就可大大简化了。同时民航客机的设计也以整合了候机、登机、CHECK-IN、托运、安检等概念，因此飞机的设计就不同于外国知识产权的飞机概念，而能实“事”求是地创造、设计、开发中国自主知识产权的客机乃至民航系统了。

《总参超级计算机机柜系列设计一》

设计：柳冠中、李昂

把产品作为载体，对产品的功能、结构、形态、色彩、材质、人机界面以及依附在产品上的标志、图形、文字等，能客观、准确地传达抽象精神及理念的设计。
作为本次项目设计，我们力图从以上各个环节针对项目特征进行塑造，烘托出完整的产品形象内容。

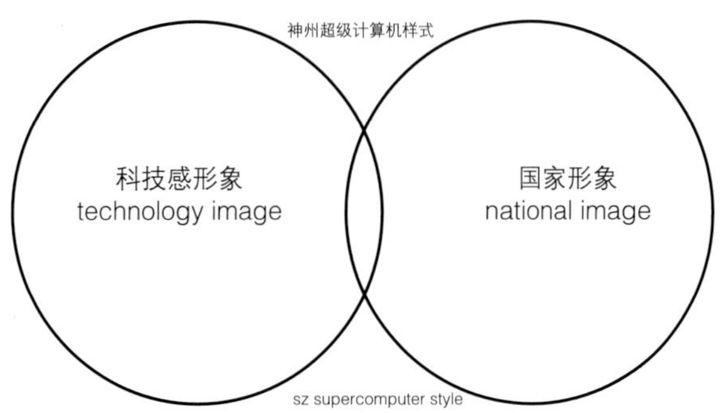

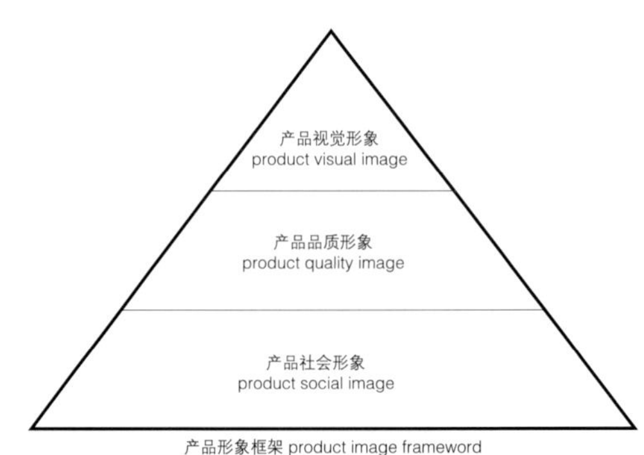

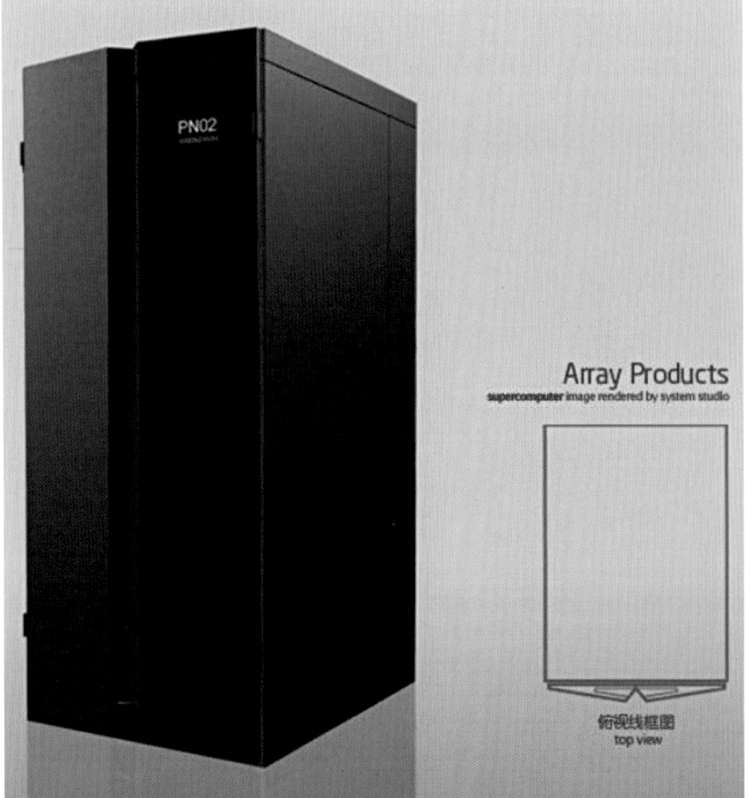

《总参超级计算机机柜系列设计二》

设计：柳冠中、李昂

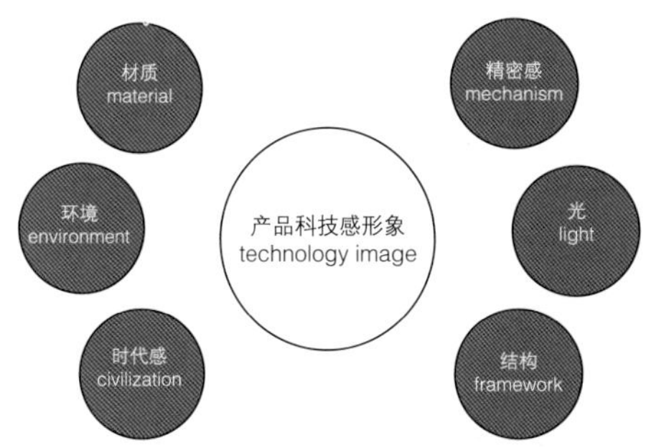

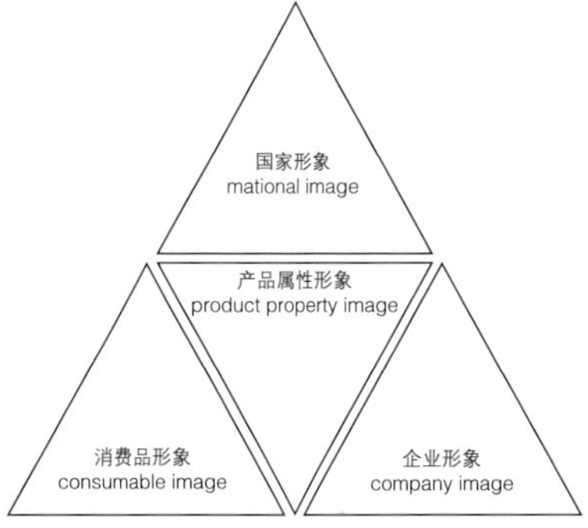

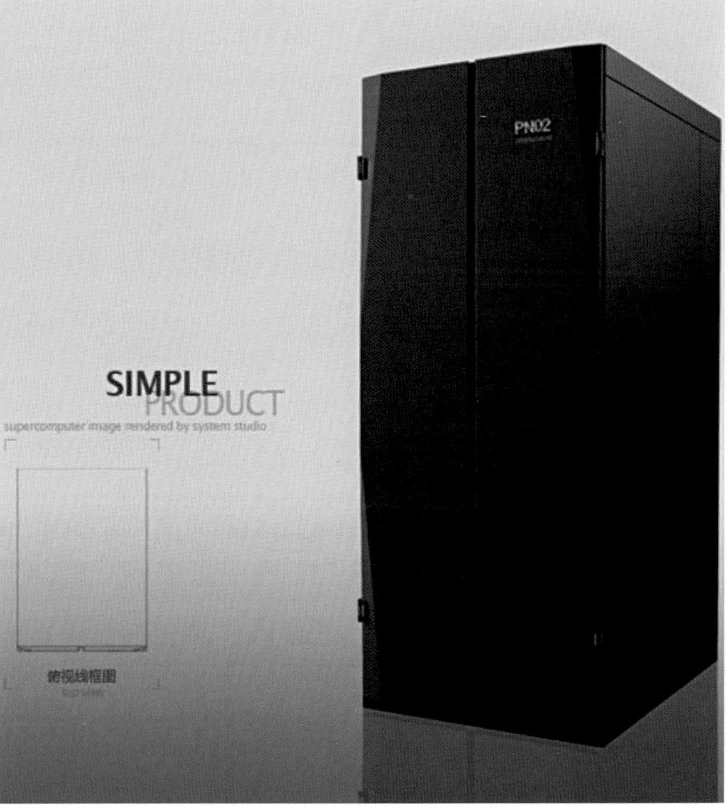

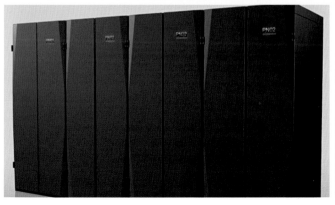

王明旨

1944年9月出生。
1959~1962年在北京市工艺美术学校学习。
1962~1967年就读于中央工艺美术学院工业美术专业。
1978~1980年于中央工艺美术学院工业设计研究生班学习。
1982年和1990年两次到日本研修。

研究生学历、教授职称、博士生导师，现任清华大学校务委员会副主任、清华大学美术学院工业设计系教授，兼任中国美术家协会顾问、全国自考艺术类专业委员会主任，曾任清华大学副校长、清华大学美术学院院长、北京市政府工业设计顾问、中国工业设计协会副理事长等社会职务。

王明旨教授长期从事艺术设计教育管理、艺术设计研究和工业设计教学工作，是清华大学美术学院艺术设计学科带头人，由于王明旨教授在工业设计学科建设、设计研究、教学与实践结合方面以及艺术设计教育管理方面作出的贡献，1998年被评定为享受政府特殊津贴的专家。

投影仪设计

时间：1988年

公务车室内设计

设计：清华大学美术学院长客股份艺术设计研究室
时间：1992年
客户：中国北车集团

电脑微型打印机设计

时间：1989年

磁悬浮列车造型设计

设计：清华大学美术学院长客股份艺术设计研究室
时间：1998年
客户：中国北车集团

自20世纪80年代起，我们就开始了与长客集团的一系列设计合作。并协商成立了“清华大学美术学院长客股份艺术设计研究室”。研究室的设计团队结合长客集团承担的一系列重大项目，与长客的工程技术团队密切合作先后完成了“磁悬浮高速列车概念设计”、“综合检测车内饰设计”、“300公里列车造型设计”、“京沪高速列车内饰设计”、“500公里高速列车概念造型设计”等一系列重要项目。现在这项合作仍在顺利进行之中。

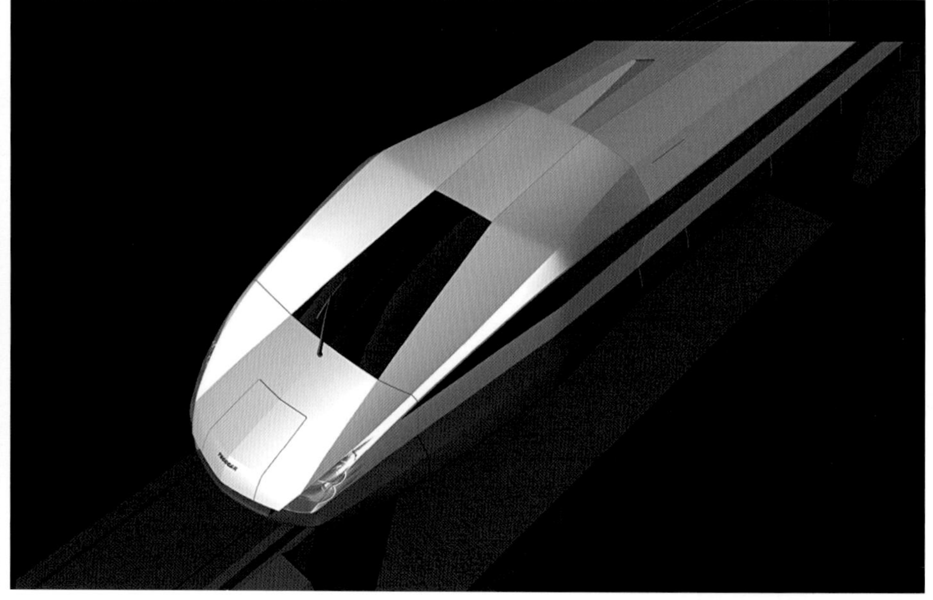

鲁晓波

1978~1982年中央工艺美术学院学习。

1982~2000年中央工艺美术学院教师、副系主任、主任。

2000~2002年美国微软研究院掌上电脑界面设计客座研究员。

2002~2011年任清华大学美术学院副院长、信息艺术设计系主任，现任清华大学美术学院院长，清华大学艺术与科学研究中心常务副主任，博士生导师，曾兼任教育部工业设计教学指导委员会副主任、中国科技协会全国委员、中国美术家协会工业设计艺术委员会副主任和中国工业设计协会副会长等职务。

青瓷盘

设计：鲁晓波

青瓷工艺是中华传统造物文化的精髓之一，被列入世界文化遗产。这款青瓷盘是在传统器型的基础上的创新探索，造型追求极简、轮廓线形饱满流畅，最大限度体现青瓷纯粹、淡雅的特质。该设计于龙泉烧制，这件作品试图突破传统器型烧制定式，尝试将当代设计理念与传统工艺融合。

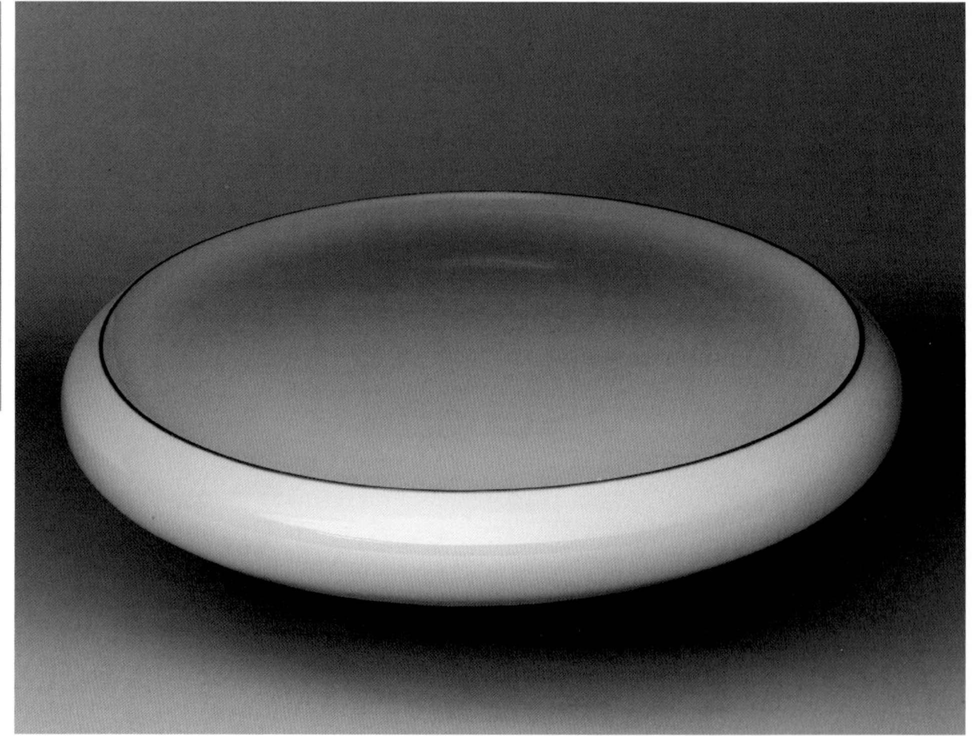

世博会湖南馆

设计：鲁晓波

整个展馆是两个“魔比斯环”相环套，并竖立于一个绿色草坪竹林之中，寓意人类对未来的期盼和追求永不停歇。

这个无始无终的神奇环寓意人类对未来的期盼和追求永不停歇。曲面环上投映高2.4m长240m的流动、交互荧屏，以“自然”、“人文”和“未来”三个区展示了湖南的自然风光、人文科技和未来美好愿景，诠释了未来城市形态——生态环保、环境宜人、能源可循环利用、可持续发展的未来“都市桃花源”。

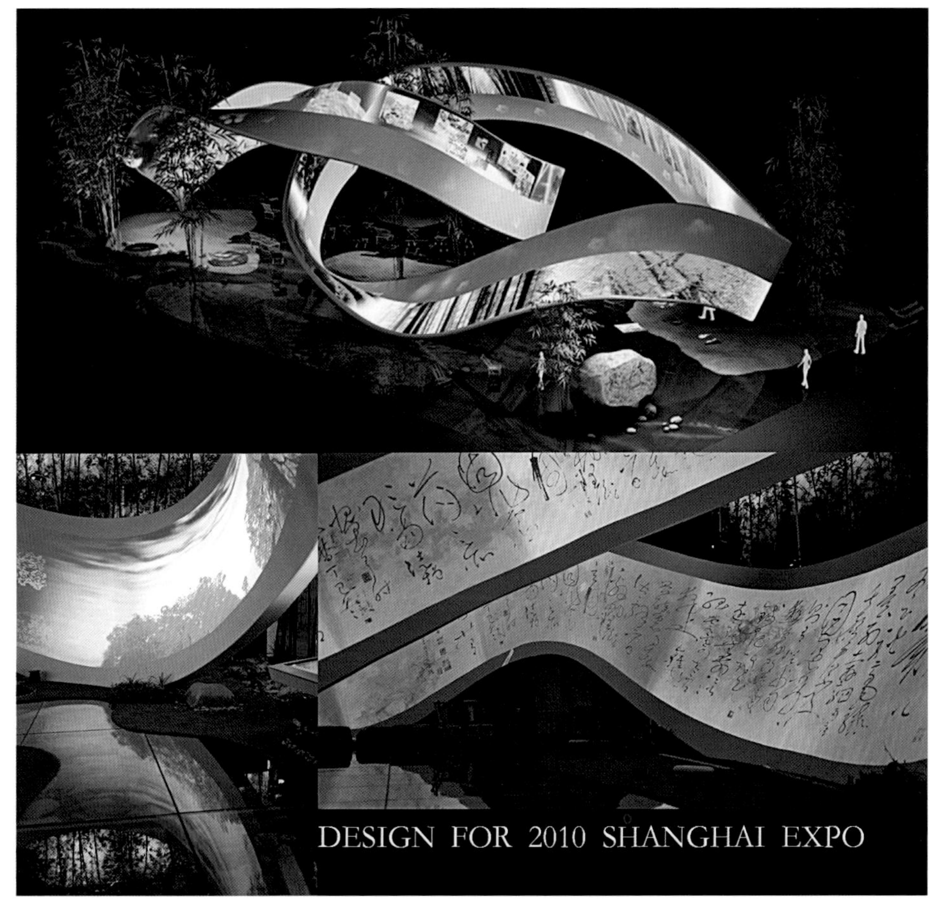

蔡　军

清华大学美术学院工业设计系教授
清华大学艺术与科学研究中心设计管理研究所所长

曾任清华大学美术学院工业设计系主任（2006~2009年）。美国伊利诺伊理工大学设计学院国际评估委员（2011年）、国际Design Issue杂志编委（2011~2013年）、首尔国际设计之都评委（2010年）、芬兰阿尔托大学国际学术评估特邀专家（2012年）、湖北省楚天学者特聘教授（2010年至今）、中国工业设计十佳教育工作者（2013年）。

蔡军教授多年来致力于设计战略与管理研究，在理论和实践上探索设计驱动的商业创新管理和用户导向的设计创新思维。曾参与了第一代联想家用电脑设计、北京工业设计示范工程设计等重大项目并获得了来自挪威、中国香港地区和中国文化部第九届、第十届全国美术展览艺术设计等国内外设计奖项，在国内外出版物发表了30多篇论文并在美国、日本、韩国及国内等发表多场学术演讲。

蔡军教授曾主持了摩托罗拉、诺基亚、LG、联想、波音、红塔等国际企业和国内中小企业的多个项目研究，在用户生活形态研究、品牌战略与设计管理、设计战略与新产品开发等方面进行了积极的探索。作为“清华国际设计管理大会”的推动者和组织者，他担任了2009、2011和2013清华国际设计管理大会执行主席，在推动国内设计管理的学术研究与交流上发挥了积极的作用。

在教学上，蔡军教授面向研究生开设的“设计战略与管理”课程被评为清华大学精品课程，他同时还在经济与管理学院EMBA“清华探究”课程中担任讲座教师。2012年蔡军教授获得清华大学第十三届“良师益友”荣誉称号。

非对称式工作灯

设计：蔡军
获奖：挪威工业设计奖
时间：1991年

牙科综合治疗机

设计：蔡军
获奖：KSDS special prize
时间：1999年

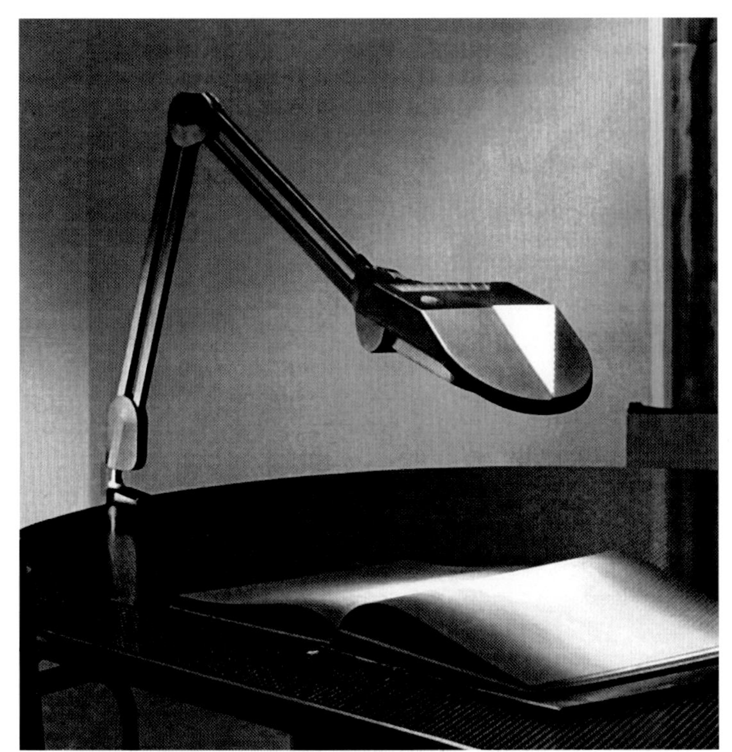

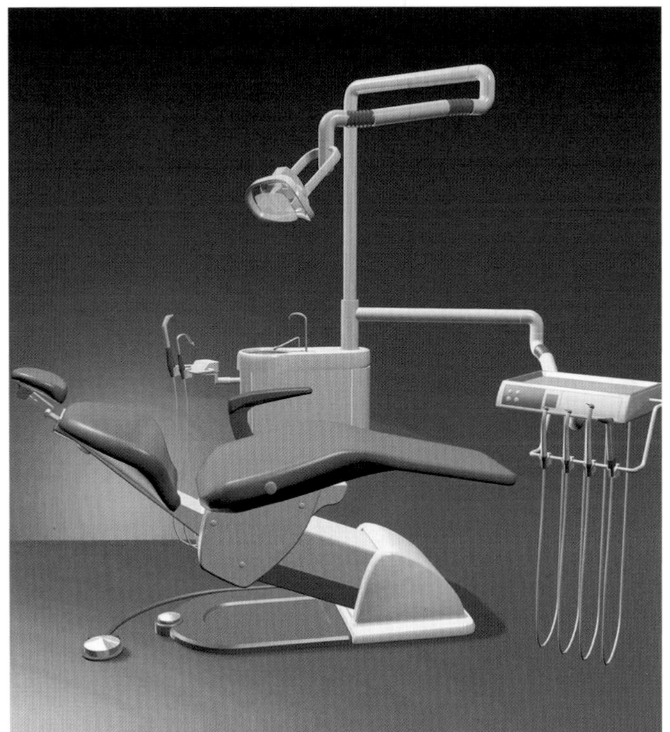

联想“天鹭”液晶电脑

设计：蔡军
时间：2004年

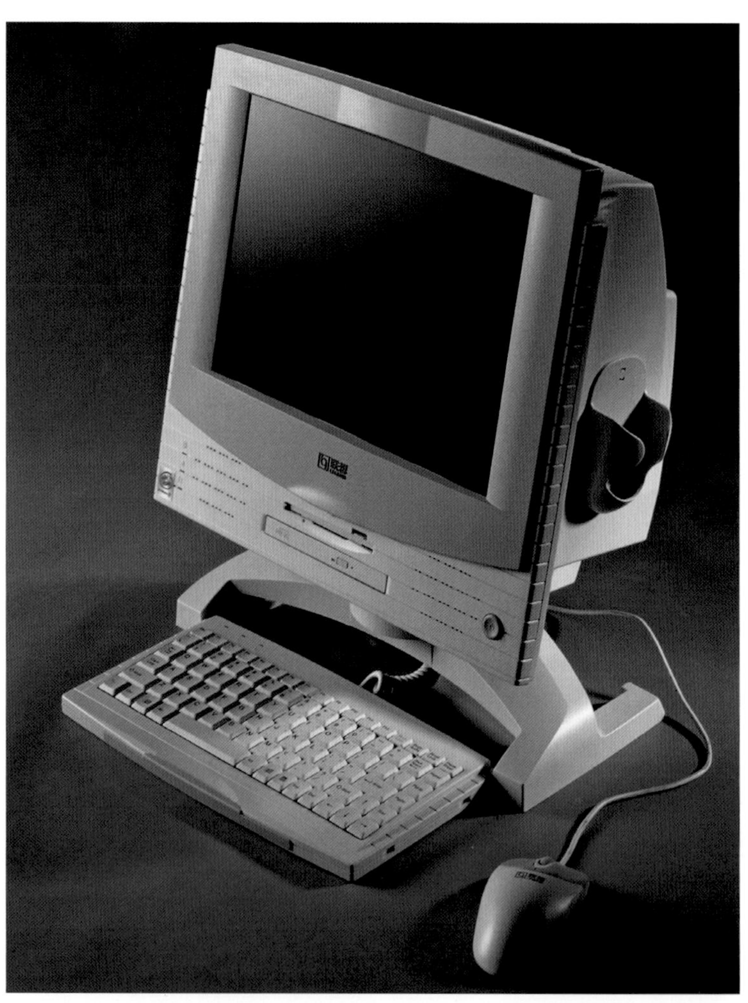

联想“天琴”电脑

设计：蔡军
获奖：香港98设计大展优秀
时间：1997年

明@Style

设计：蔡军

获奖：第十届全国美术展览艺术设计展作品银奖

时间：2004年

银河之尘

设计：蔡军

移动通讯产品研究

设计：蔡军
客户：诺基亚
时间：2009年

Procedure Six
Concpet Design
User study and concept design Project 2007
Ziphone
- Protective
- One-Key Feedback
- Two Display Models
- Touch Screen

Objective Plan Preparation User Study Key Finding & Opportunity Concept Design Summary Our Team
06

中国空中乘客飞行体验研究

设计：蔡军
客户：波音飞机公司
时间：2011 年

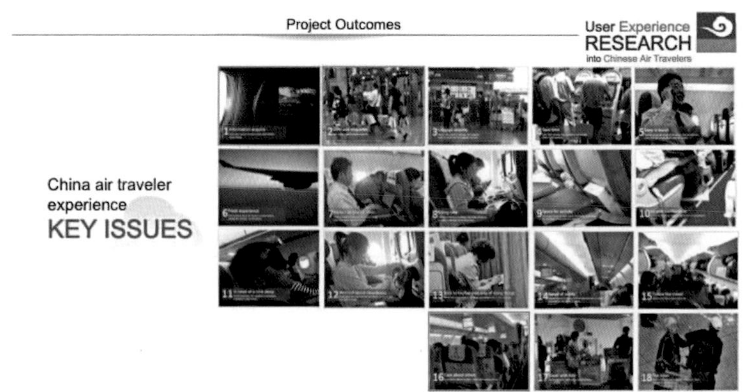

中国文化元素造型设计研究

设计：蔡军
客户：LG电子
时间：2012年

刘吉昆

设计学博士，清华大学美术学院工业设计系副教授，清华大学艺术与设计实验教学中心人机工学实验室主任，《包装工程》杂志专家委员会委员、2012年优秀评审专家，国际设计管理学会、设计研究学会会员。曾任中国工业设计协会学术部、普及部部长，法国国立高等装饰艺术学院访问学者，美国伊利诺理工大学设计学院高级访问研究学者；《新产品世界》、中国《设计》等杂志的特约编辑；曾担任许多国际学术会议的论文评委（如瑞士SDN、Cumulus、D2B等），多次主持清华国际设计管理大会论文工作；曾在许多知名企业（如联想、海尔GE等）举办设计创新与用户研究方面的讲座，担任三星全球产品指标评价评审专家（2011、2013年）。出版多部著作（如《工业设计概论》、《设计艺术概论》、《产品价值分析》等），多部译著（如《重塑用户体验》、《远程用户研究》、《用户体验研究技术》等），在许多国际学术期刊和会议（如Design Management Journal, HCI International等）上发表论文数十篇。现在主要从事设计创新、用户研究、设计管理和服务设计等方面的教学与研究工作，主要研究项目包括与美国伊利诺理工大学设计学院院长Patrick Whitney教授合作的 Global Companies in Local Markets，与英国Salford University, Milan PolytU., Copenhagen Business School,,Stockholm University等合作的欧盟课题Sino-European Design Management Network，以及与诺基亚、波音、同方等合作的多个用户体验研究和设计创新方面的课题等。

移动电话设计（Ziphone）

设计：清华美院诺基亚课题组
客户：诺基亚研究中心
时间：2007年

本设计概念是2007年清华大学与诺基亚研究中心合作研究课题“城市老年人与农民工移动用户体验研究与设计”的一部分。在对城市农民工的问卷调查、深度访谈和实地观察的基础上，总结出了相应的关键发现点，根据相应的发现点发散出设计机会。每个设计概念都会覆盖多个不同的设计机会。Ziphone主要是为向往城市生活方式，但工作环境复杂的年轻农民工而设计的。已由诺基亚公司申请了美国、国际和中国专利。

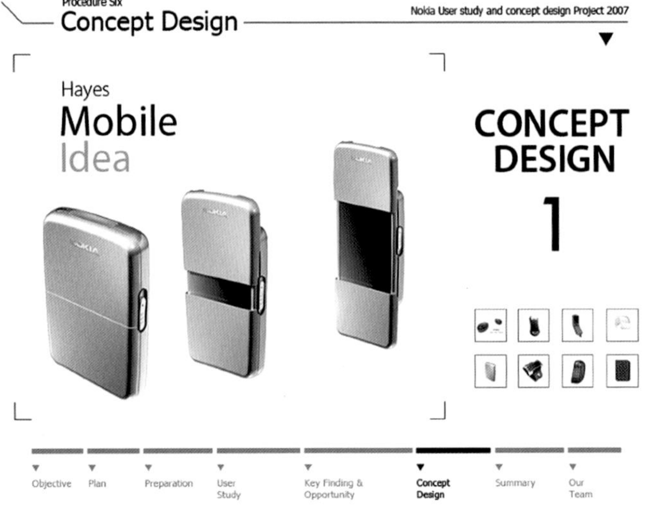

Procedure Six

Concpet Design

Nokia User study and concept design Project 2007

Concept Design For migrant worker

IDEA-M1

KEY FINDING FOR MIGRANT PEOPLE	OPPORTUNITIES IN KEY FINDING
1- Safety and easy to carry 12- Fashionable and functional	Shockproof, waterproof, dustproofneed to be concerned. Safe and convenient way of carrying method.
2- Charging the mobile 3- Identify and operate 4- Adjusting the volume 5- Using SMS but have input difficulty 6- Communication and privacy	Solar energy technique should be used in mobile design Easy operate and understandable interface. Use more symbol and icons; image is easier to be understood. Easy way of adjusts volume. Conveniently and swiftly taking a call or rejecting a call. Automatically returns SMS when the user is not valuable for the time. Provide graphic method of communicate, simple and easy to handle. Automatically correct spelling. More direct and graphical way to show time. Voice time notification
11- Demand for learning 10- Demand for entertainment	Simple and funny game function is needed. Music and radio function is needed. Camera and video entertainment function is needed. Learning function combined with mobile phone. The information platform that serves workers. Provide TV source.
8- Confused service 9- Save two numbers for one	Provide easy way of checking fee left in the phone. Auto message should be sent to notify of the user of the cost. Notice the user to recharge the cost in time. Easy IP call out: IP number button.
6- Communication and privacy 7- Time and lunar calendar 12- Fashionable and functional	Provide videoconference, and let people see their family. Relative picture button, and short cut button is needed. Relative birthday and important festival notification is needed. Solar and lunar calendar and festival notification is needed. The appearance must be fashionable, but must not be too much. The design of a outdoor device is suiting.

移动养老院

设计：清华大学美术学院诺基亚研究组
客户：诺基亚中国研究院
时间：2007年

移动网络的发展使得人们生活更为快捷和方便，居家养老也是中国人未来养老的一种重要的方式。使得老年人既不离开子女和亲人，又能享受到贴心的服务是本设计概念的初衷。主要功能包括：日常通信、医疗保健、家政服务以及其他服务（如旅游咨询、保健信息等）。通信和各种服务都是通过类似以前接线员的中转平台进行。用户终端有腕式和挂牌式两种，可测心率、血压等，并具备特设的急救按钮或健康卡等。

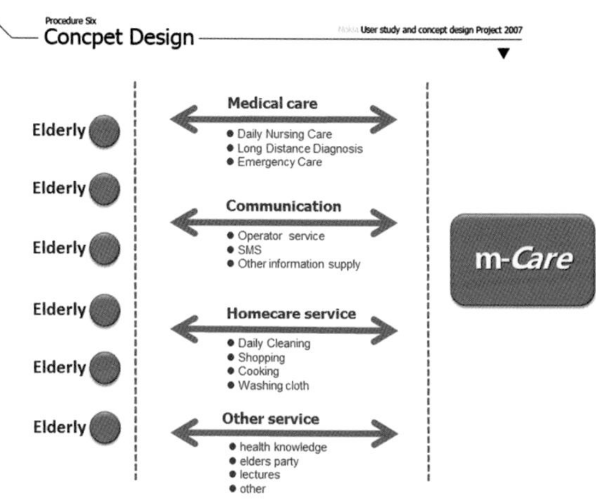

移动养老院
Mobile Care Homes

New type of elderly people service platform:
Through the study we found both society and government are concerned about elderly people's lives. Therefore we propose the concept of "mobile care homes " which allow the mobile device to serve as a user end caring device and provide the elderly services just like at the elderly's home. And we can combine the mobile technology and hot social problem to provide this solution.

Medical care + Communication + Household service + Other services

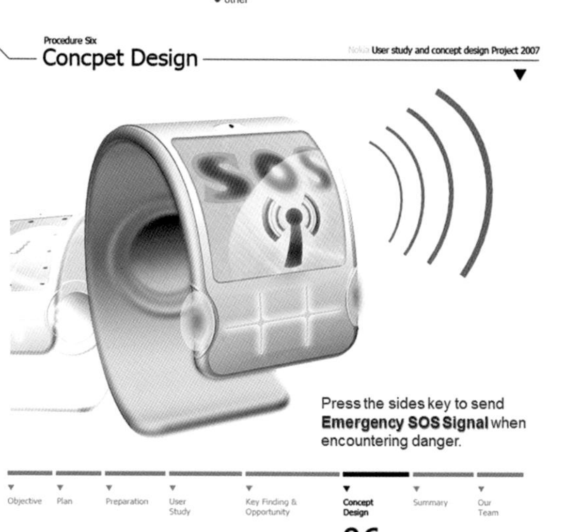

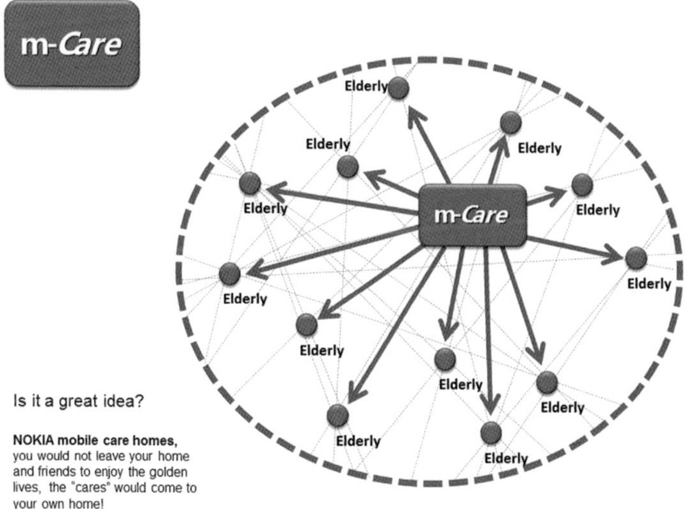

固定电话平台设计

设计：清华大学美术学院诺基亚课题组
客户：诺基亚中国研究院
时间：2008年

随着移动通讯的快速发展，固定电话的主要功能已经被移动电话所取代。从而，在未来的发展中，固定电话的定位应该重新思考。本研究就是在这方面进行的有意探索。在充分访谈和实地观察的基础上，课题组进行了充分的探讨，赋予了固定电话平台与家庭个人移动电话进行信息交换和信息共享等的功能，以促进家庭成员之间的交流。本概念也可以扩展到工作团体，如办公室和工作小组等。

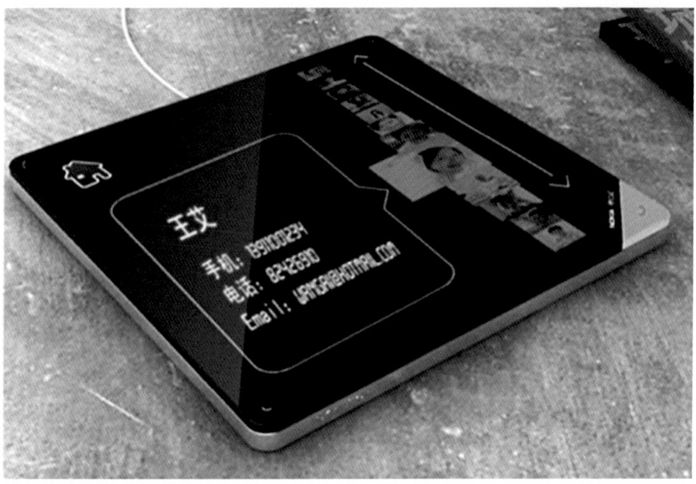

史习平

1985年毕业于中央工艺美术学院工业设计系，获文学学士学位
1992年被聘为中央工艺美术学院讲师
1997年被聘为中央工艺美术学院副教授
2006年被聘为清华大学教授，现任清华大学教授、博士生导师

2004年主持西安曲江开发区城市形象景观设施设计。
2005年主持奥运景观设施设计团队并获得奥组委及多部委颁发的设计一等奖。
2007年与他人合作《展示设计》《设计表达》同获北京市精品教材。
2007~2008年参加第29届奥运会开、闭幕式策划与设计工作。
2008年参加基础课程教学书籍《综合造型基础》获得教育部教学成果奖。
2010年担任第16届广州亚运会开闭幕式艺术指导。
2011年为中共中央办公厅篆刻“中南海”贺卡专用章。
2012年韩国丽水世博会国际评审委员。
2012年发表丛书《清华大学名师讲堂——展示设计丛书——感悟》。
2013年文化部恭王府主办史习平篆刻展，同年发表《史习平篆刻集》。

柒牌之夜　在京外交官携夫人酒会展示设计

设计：史习平
地点：北京饭店
时间：2006年

清华大学校史馆展示设计

设计：史习平

地点：清华大学

时间：2011年

天津南开中学校史馆展示设计

设计：史习平
地点：天津南开中学
时间：2013年

服装展示设计

设计：史习平
地点：中央工艺美术学院
时间：2004年

张旭晨

1956年10月生于天津
清华大学美术学院副教授

国际美术家协会理事
中国工业设计协会会员
九三学社社员
清华大学张仃艺术研究中心研究员
清华大学吴冠中艺术研究中心研究员
2014年聘为比利时瓦隆 — 布鲁塞尔皇家美术学院客座教授

1985年毕业于中央工艺美术学院工业设计系获得学士学位同年留校
1986年中国首届青年歌手通俗歌曲大奖赛舞台美术总体设计
2005年、2012年曾两次在巴黎国际艺术城展厅成功举办个人艺术展
2008年4月30日至5月6日油画《佛陀系列油画作品》参加“2008辉煌中国聚首澳门——世界华人当代油画大展”
2010年6月美国卡特中心邀请参加“中美和平友好雕塑活动”揭幕仪式，并受到前美国总统夫妇的接见。
2009年以来出版论著和教材4部（其中编著1部、教材3部），发表论文6篇（其中核心期刊5篇，国外发表英文论文1篇）
专业研究方向：仿生设计形态学与产品应用研究
30余项产品设计投放市场。
多次组织设计大型展览和公益活动。

地标设计

设计：张旭晨
客户：清华大学环境学院
时间：2011年

地标设计遵循自然、回归、环保的理念，巧妙地运用直径85cm的管型钢材，去掉管道后部三分之二部分，在保留的三分之一部分管道上，将刘炳森书写的“环境学院”四个大字镂空处理在管壁中，地标的颜色质地看上去与环境非常谐调，当夜晚降临时，背后草丛中的地灯发出自然的暖光，这一切显得自然和谐!

《源》——人类对环境的保护意识的唤醒

设计：张旭晨
客户：清华大学环境学院
时间：2011年

校庆前夕，受环境学院委托为环境学院1986级校友创作了一座高4m的不锈钢雕塑，雕塑作品《源》力求用最少的材料表达作品含义，所以只选用三根管材（象征排污、环保的管道）构成一个象征着地球的圆球形，并使用三根管材经艺术夸张的手法将地球上有代表性的几个生命元素即：人、树、鸟、水、鱼等构成雕塑的语言，这些是我们自然界中不可缺少的元素，元素交叉组合构成抽象形态，寓意着环境保护对地球的重要意义。

雕塑具有很好的通透性，对大楼没有任何遮挡，非常适合环境学院大楼前的环境，雕塑与建筑产生一种实与虚的对比关系；人在观赏时与雕塑自然地融为一体，人的形象也反射到雕塑中。管道也象征着循环、流动、健康、平衡、永远的寓意。

子午流注治疗仪设计

设计：张旭晨
客户：北京佳时正通科技责任有限公司
时间：2011年

为了使用方便，解决了治疗仪自由移动的问题，形态设计时考虑病人使用的各种因素，车的下方可以插进病床下，凌乱的电线可以被有秩序地进行储存。在解决辩证治疗的问题上进行了突破性地探索和实践。通过微电电脑单芯片机，实现了“子午流注”与“灵龟八法”的精确计算，并内置了相关穴位资料。通过该治疗仪可以查询穴位的最佳治疗时间及具体开穴情况。子午流注低频治疗仪，以辩证针灸疗法为依据，根据配穴处方，通过针灸治疗达到防病治病的目的。三个不同形态的设计，既符合加工生产工艺，又能满足不同类型的消费群体。

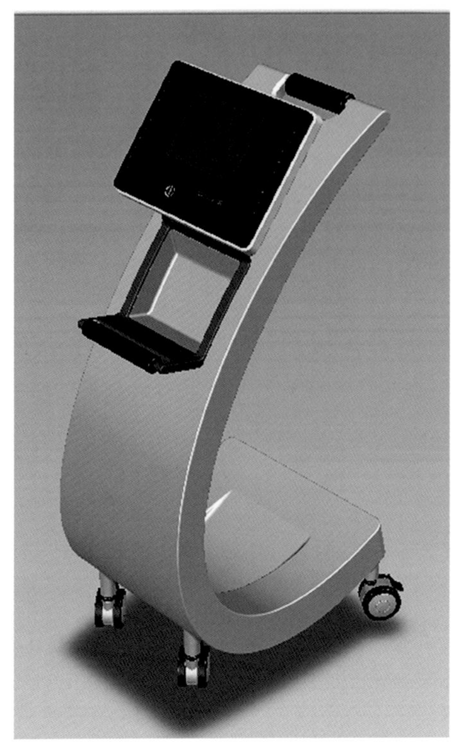

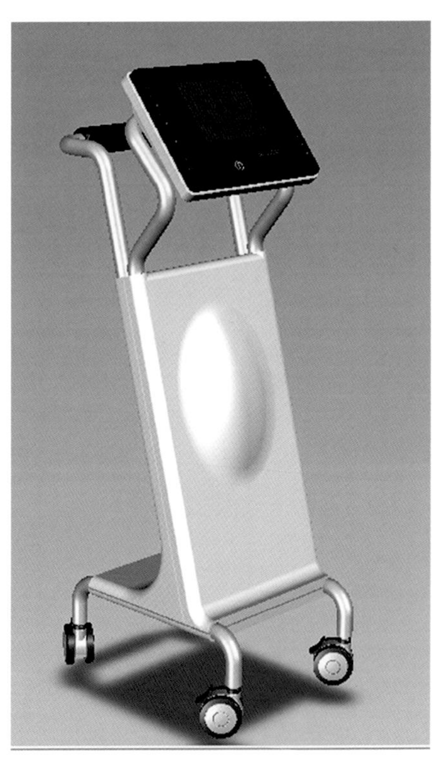

2004年亚洲科学园协会第八届年会视觉传达系统总体设计

（标志基本元素设计）

设计：张旭晨
客户：威海市人民政府
时间：2004年

亚洲科学园协会第八届年会每年举办一次。整个活动有：会议、展览、演出晚会、参观、礼品等，项目繁多，内容丰富。会议取得圆满成功。整体设计得到了中外与会者的广泛赞扬。

音乐回顾展1988年

蓝亭盛世标志2000年

蓝星标志设计2002年

北京市徽设计1986年

点子公司标志

石振宇

清华大学美术学院工业设计系副教授，广州美术学院设计学院客座教授，中央美术学院设计学院客座教授，中国工业设计协会常务理事，国际设计联合会大中华区分会常务理事，清华大学设计战略与原型创新研究所副所长，艾万创新设计学研中心 董事长，广东省“五一劳动奖章”获得者。

在设计活动中申请并获得国家专利30余项。1989年木制电冰箱获轻工部工业设计黑马奖。1995年设计录音机获国际工业设计活动周优秀设计奖。2000年设计单端直热式后级放大器获国际工业设计活动周优秀设计奖、并获英国“HI-FI+DISCOVERY”奖、获美国“BLUE MOON”奖。2003年设计水滴系列黑胶唱盘机获清华美院教师作品展银奖、获美国“BLUE NOTE”最佳器材奖、获中国红星奖之最具创意奖。2004年设计水滴系列激光唱机获美国“BLUE MOON”奖、获德国“IMAGES HI-FI”年度产品奖及中国红星奖之最具创意奖。2006年设计圆孔系列音响产品获中国红星奖之优秀奖。2006年设计小乌龟系列音响产品获中国红星奖之优秀奖及798国际工业设计展金奖。2006年设计唱臂ST系列产品获中国红星奖之金奖及798国际工业设计展两项优秀作品奖。2006年设计测速压镇获中国红星奖之优秀奖。2006年设计紫禁城系列音响产品获中国创新设计红星奖之金奖及798国际工业设计展银奖。2007年设计自由系列公共空间沙发获中国红星奖之优秀奖。

2009年获中国光华科技基金会光华龙腾奖之中国设计贡献奖-功勋人物金质奖章。

2010年设计健康办公座椅、科技型腕表分别获广东省长杯第一名、第三名。

2011年获广东省“五一劳动奖章”。2011年获北京国际计周、国际设计三年展“工业设计大奖”（紫禁城音响）2011年获中国工业设计推广人物奖。

2012年获中国工业设计十佳设计师奖2012年获文化部工业设计大奖。

2013年作品“健康办公椅”被关山月美术馆收藏，同时被收藏的还有现代明式椅“大宋”“文椅”“武椅”。

中国极地科考专用表设计

设计：石振宇

清华大学石振宇教授带领中央美术学院宋晓薇共同设计研发的“雪龙·中国南（北）极科考专用手表”，这款极地雪龙专用表采用316L精钢制造，能承受巨大的压力，耐腐蚀，耐酷寒等极端复杂的环境，特制的超低温润滑油使机芯可以在－60℃到50℃之间为科考队提供更准确无误的报时。表面采用IP电镀黑，无反光，具有良好的可视性。表盘的设计源于南极大陆的陆地造型，准确地按卫星图片用等高线的方式将表盘以3D立体的形式展现出来。由于科考的特殊工作环境，将整表进行分体式设计，分为内表和外表套两部分，内外表采用表带互系的连接方式，便于拆装，使内表在平时不进行科考任务时也适合日常佩戴，增强了使用范围和实用性。

健康舒适办公室座椅

设计：石振宇

我们把Suit的工作原理形象地比喻成“背心”，即希望椅子达到人们穿着背心那样的感觉，既体贴地保护了身体，又不妨碍正常的活动。通过研究发现，对大多数人来说，设计一款既能适合不同身高体重的人的支撑需要，又能符合同步倾仰需要的椅子，是在现有条件下，最有可能实现的创新，而这一创新的意义显然把椅子的使用推向了创造真正舒适健康生活方式的高度。

Droplet水滴系列唱机

设计：石振宇

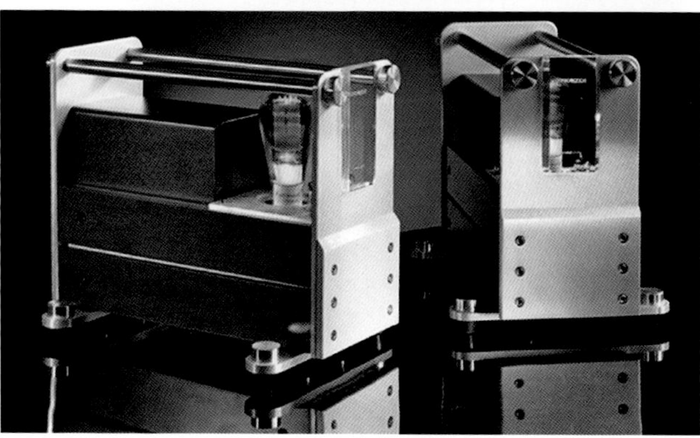

Forbidden City 紫禁城

设计：石振宇

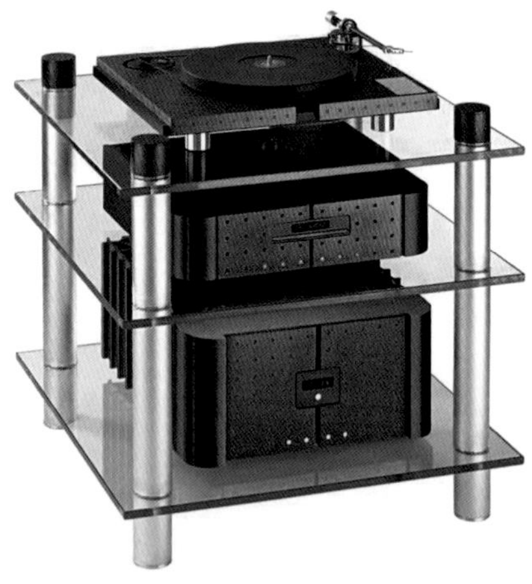

Verboten schön

Aus Peking kommt dieser Plattenspieler mit dem gefährlichen Beinamen „Forbidden City". Klingt er wirklich so gut, dass nur Kaiser ihn hören dürfen? Exklusivtest.

Test: Dalibor Beric **Fotos:** Julian Bauer

Opera Audio? Consonance Audio? Forbidden City? Liu? Selten tauchen im Zusammenhang mit ein und demselben Produkt so viele Namen auf. Deshalb der Reihe nach. Die Pekinger Firma heißt Opera Audio, die HiFi-Linie Consonance, die neue Serie „Verbotene Stadt", und der hübsche Plattenspieler, der (mitsamt Tonarm ST 100) 2250 Euro kostet, nennt sich Liu.

Wobei man schon beim ersten Betrachten des sehr wertigen Geräts verblüfft ob des moderaten Preises ist. Dies setzt sich bei genauerem Hinsehen fort. Da beeindruckt schon die dreiteilige Grundplatte, wobei eine Lage aus schwarz anodisiertem Aluminium von zwei weiteren Alu-Patten, wahlweise in schickem Rot oder Titan, umgeben ist. Diese starre Konstruktion wiegt über 16 Kilogramm und ruht auf höhenverstellbaren Alu-Füßen, ist daher nicht vom Untergrund entkoppelt. Hingegen sind sowohl der Tonarm als auch das Tellerlager mit Grafit-Unterleg-

Nicht nur schön: Der Liu ist resonanzoptimiert

scheiben von der Grundplatte getrennt. Materialmix und schrittweise Resonanzoptimierung stellen also Grundmerkmale dieses Laufwerks dar.

Beim Lager handelt es sich um eine invertierte Ausführung, bei der die Edelstahl-Lagerachse feststeht, während sich die Büchse mit Bronze-Seitenführung dreht. Der Vorteil dabei ist, dass der Schwerpunkt hoch liegt und durch die Rotation weniger Kippmomente entstehen. Drehen darf sich der Teller auf einer Keramikkugel, die wiederum Kontakt zu einem Keramik-Lagerspiegel hat. Dass dann zwischen dem Teller aus Acryl-Kohlefaser-Gemisch und der Edelstahlbüchse noch eine Kunstofflage sitzt und die Keramikscheibe sowie -kugel aus unterschiedlich dichtem Werkstoff bestehen, zeigt einmal mehr, wie tief Opera-Audio-Chef Liu Shi Hui wortwörtlich in die Materie eingestiegen ist.

Weniger aufwendig geriet die Antriebseinheit des Liu. Hier sitzt im separaten Alu-Gehäuse, somit von der Grund- »

严 扬

严扬，清华大学美术学院教授，博士生导师。1982年1月毕业于北京工业大学机械工程学系，获工学学士学位。

1982~1986年在北京轻型汽车股份有限公司汽车研究所任车身工程师兼造型设计师。

1986年6月调入中央工艺美术学院工业设计系任教。

1993~1995年赴法国巴黎高等装饰艺术学院及丹麦奥胡斯建筑学院任访问学者学习设计教育与计算机辅助工业设计。

1993年受聘为中央工艺美术学院副教授。

2002年起受聘为清华大学教授。2000~2002年任工业设计系副主任，2002~2006年任工业设计系主任。目前担任中国美术家协会工业设计艺术委员会委员和中国工业设计协会理事。

1999～2005年作为海信集团产品开发顾问参与新产品开发与工业设计机制的建立。2005年以后将研究重点转向汽车造型设计研究，主持了来自于韩国起亚汽车、韩国现代汽车、日本日产汽车、美国Johnson Controls、中国南车集团以及北京市交通委员会等一系列与交通工具有关的创新研究项目，在中国汽车行业产生了较大的影响。2010年起转向老龄化社会的交通这一研究领域，并同时获得了广东和江苏等地方政府的支持。

2002年以来负责清华美院工业设计系交通工具造型设计专业的建设与教学工作。迄今为止本专业毕业的近百名毕业生已经成为中国汽车行业重要的设计创新力量。2006年8月《交通工具造型设计专业教学模式与课程体系》荣获清华大学教学成果一等奖。2011年9月被中国汽车工程学会授予《具有突出贡献的教育工作者》奖。2013年北京中国汽车工程学会评委中国汽车造型设计60周年60名创新人物荣誉。

Cobra地灯设计

设计：严扬

设计特点：像眼镜蛇一样蕴含着弹射力的S曲线造型，故此取名Cobra。本设计为家中到处皆是的书报杂志提供了一个最合理的放置位置。工艺特点：铝合金板材冲压弯曲成形，是使用零件最少的地灯。功能特点：可以在书档上放置常看的杂志或者报纸。
主要材料：铝合金或者弯曲木、注塑塑料。

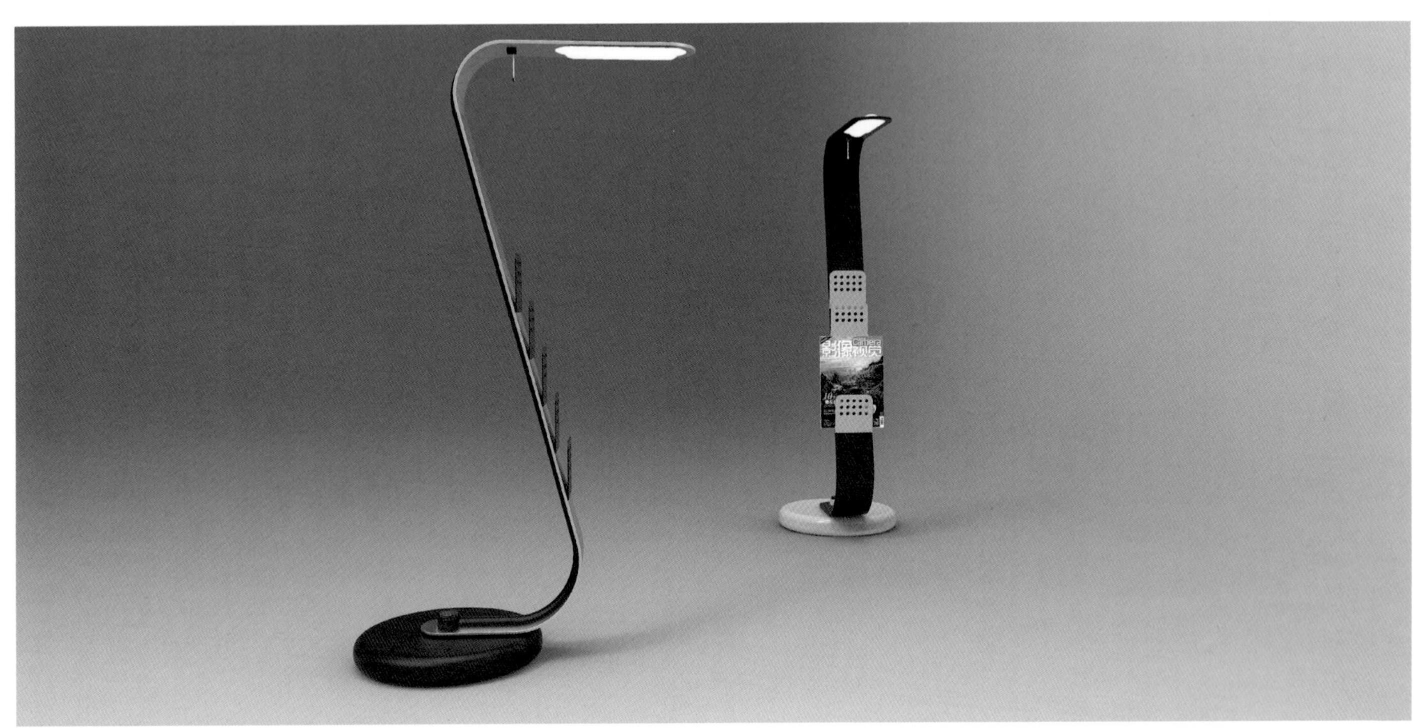

残障者自助转移器

设计：严扬

作为健康人士，你有曾想过腿部残疾和高位截瘫人士如何独自使用卫生间吗？可以告诉你的是：真的十分困难而且迄今为止还没有更好的解决方案。不仅如此，上述人士甚至从床上到轮椅及到坐便器的移动都需要家人的帮助。本设计试图使上述人士能以更轻松安全的方式自己完成上述活动。本设计的主要部分是一个扣在腋下的环状提升器，可由自身控制将身体提升5~10cm，并在室内自由移动到所需的另外一个平面（如坐便器、床或沙发）上放下。最重要的是，在移动过程中使用者的腰部和臀部是完全悬空的，这样十分有利于他们完成在卫生间的行为。

主要材质：金属、尼龙、塑料

用途：用于腿部残疾与下肢截瘫病人实现在床铺、沙发、坐便器与轮椅之间的转移。

功能：残疾人可独自完成转移器的前后左右移动以及坐姿的升降。

尺寸：1m（长）×0.8m（宽）×0.8m（高）

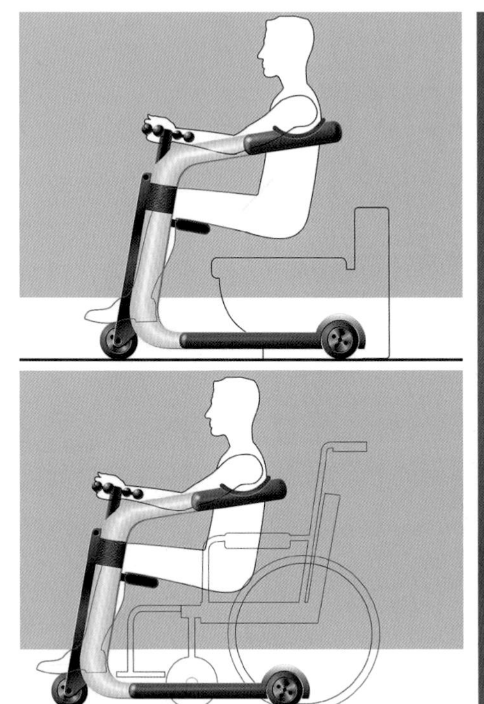

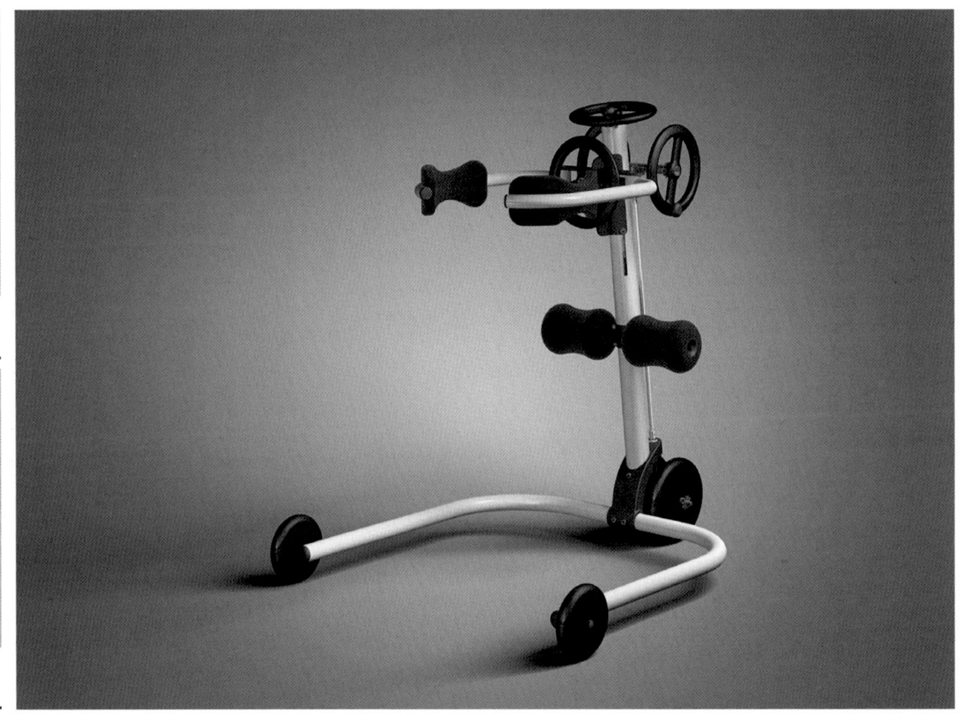

旅游区轨道式悬挂人力车

设计：严扬

轨道式悬挂车可用于旅游区、公园、体育场馆、校园等面积较大的局域交通。这种车辆无法用于普通路面，因此不会被偷走。不会破坏地面，可以从草地，小河，树梢以及起伏不平的地形上横穿而过。悬挂的车不会摔倒，不会与汽车及行人发生碰撞。给骑乘者提供了更高的视角，便于观景和照相。

本车的优点：
舒适安详的骑乘姿态。
一边骑行一边看书，玩手机或喝饮料，不必担心撞到老人和孩子。
遮挡阳光和雨水的全景风雨罩。
不必在地面与众多游人挤在一起。

折叠电动三轮自行车设计

设计：严扬

小汽车的剧增使得大城市停车越来越远，越来越贵，越来越难。为此一种可以存放在小汽车后备厢中的微型个人电动交通工具“折叠电动三轮自行车”可用于将骑乘者从停车地点运送到最终目的地。该车还可以随身携带乘坐公共交通工具，用于弥补公共交通工具站点与最终目的地之间的距离。本设计为一种折叠后可以单手轻松拖动至少500m，并可置于小汽车后备箱内的电动三轮自行车。其结构简单可靠并易于折叠展开，造型符合大城市主流消费者的喜好与品质感，是兼具交通工具实用功能和运动器械使用乐趣的跨界产品。

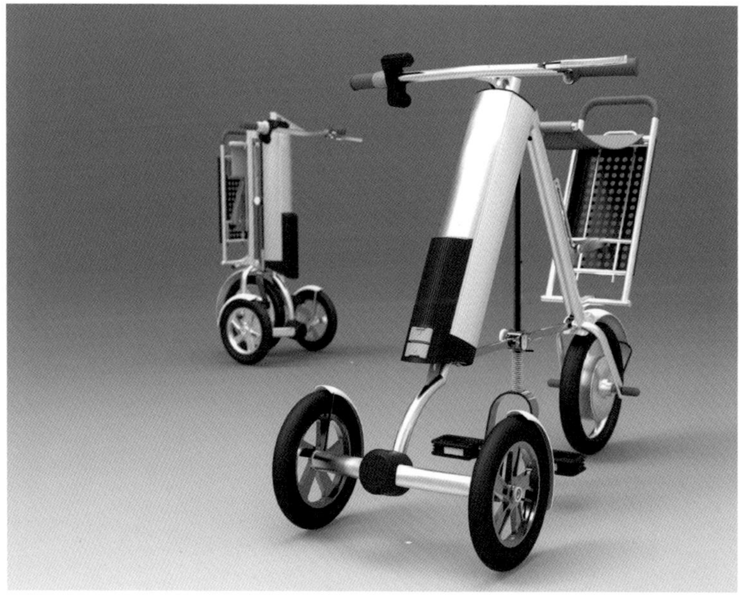

刘振生

副教授，1987年毕业于中央工艺美术学院工业设计系，留校任教，2002年至2009年7月任工业设计副系主任，主管系本科教学、科研及教务工作。2009年7月任工业设计系主任，2012年12月卸任。

主要教授课程：产品创新设计、综合论文训练、论文写作、创新设计系列课程等。

主要研究方向：工业设计创新方法研究、工业设计专业教育研究。

研究生培养：培养研究生约30名，已经毕业近20名。

普通高等教育工业设计专业“十二五”规划教材丛书主编；

北京市科学技术委员会北京市创新资金项目评审专家；

北京巧娘手工艺发展促进会顾问；

红星奖评委。

近年主要完成研究型设计项目：

企业形象与包装系统设计（中国石油润滑油分公司2008~2009年）

吉列剃须刀用户研究与概念设计（美国宝洁公司2009年）

中国用户生活形态调研（日本夏普公司2010年）

中国移动全方位沟通产品研究与设计（中国移动通讯研究院2011年）

医疗移动通信手持终端设计（美国通用电气医疗系统贸易发展（上海）有限公司2011年）

民用飞机空乘人员座椅研究与设计（美国波音公司2011~2013年）

中国城市单身人群影音产品研究与设计（韩国LG公司2013年）

中国北方家庭厨房家电产品研究与设计（韩国LG公司2014年）

民航飞机空乘人员座椅研究与设计

设计：B449工作室
客户：美国波音公司
时间：2013年

本课题源起于2010年美国波音公司与清华大学成立的联合研究中心，共同在飞机客舱环境与设计等方面进行探索。作为研究项目之一的空乘人员座椅设计项目，设计目标希望能够经过一系列的调查研究，设计一款新型空乘座椅，将美学融入飞机内饰环境，尽可能提供轻便、舒适、耐用和简洁的座椅设计，以提高空乘座椅的可用性。

手动剃须刀用户体验研究及概念设计

设计：B449工作室
客户：美国宝洁公司
时间：2009年

吉列手动剃须刀设计是探究性课题，通过对中国用户的生活方式研究，研讨剃须行为所包含的功能性和精神层面的诉求，尝试新的产品设计方案，提升用户的使用体验，实现用户期待的舒适、被尊重、彰显品位、体验剃须过程愉悦的设计目标。

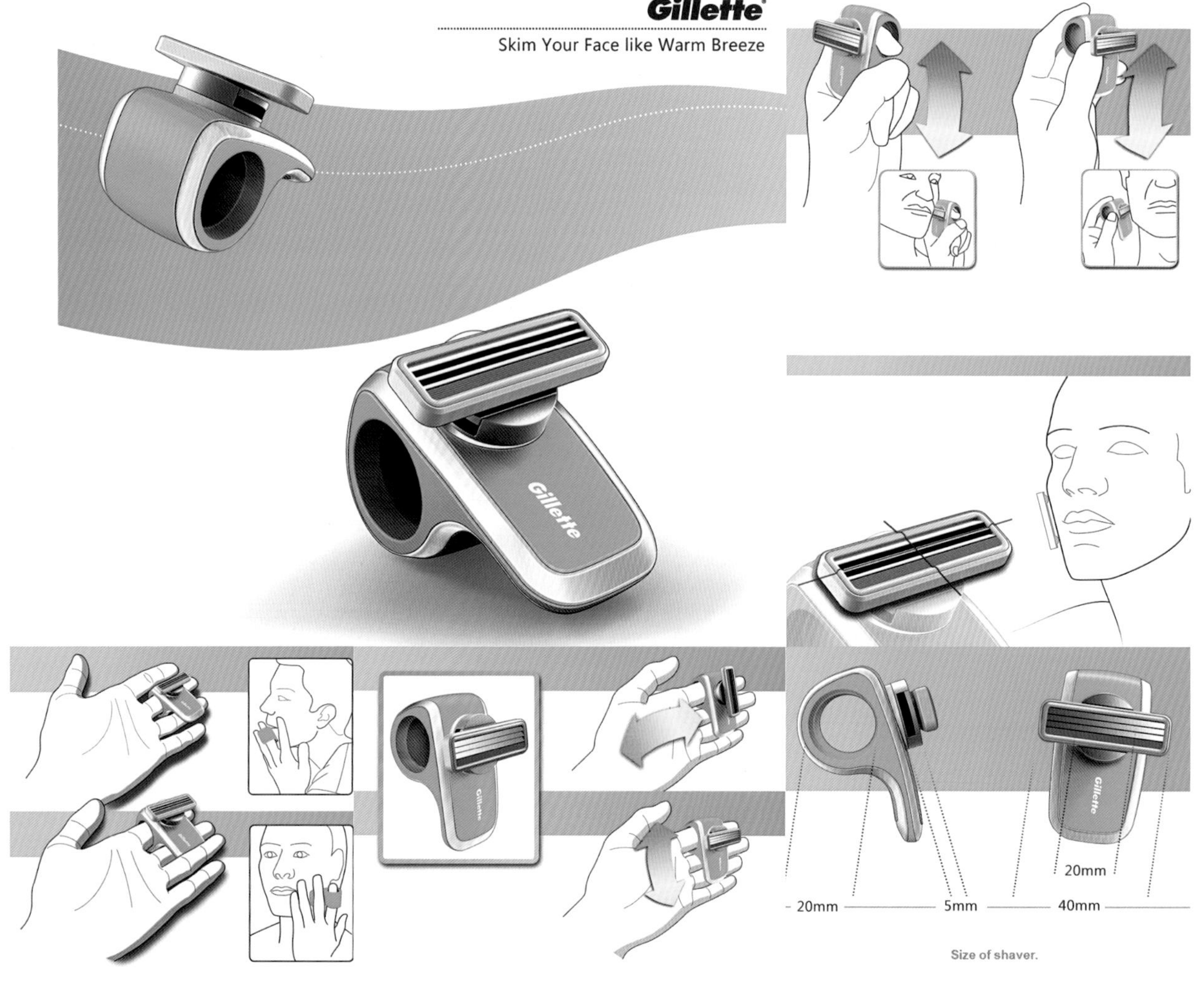

Size of shaver.

医院手持移动终端产品设计

设计：B449工作室
客户：美国通用电气医疗系统贸易发展（上海）有限公司
时间：2011年

医疗移动手持终端的设计目标是在医院信息化的技术背景下，为医生、护士和管理人员提供能高效处理相关信息的手持终端产品，经过对医院的信息传递、人员职能、工作行为和环境等方面的系统研究，界定移动手持终端的功能属性，并运用设计和工程制造的经验予以实现。图为护士用移动手持终端和使用情景分析。

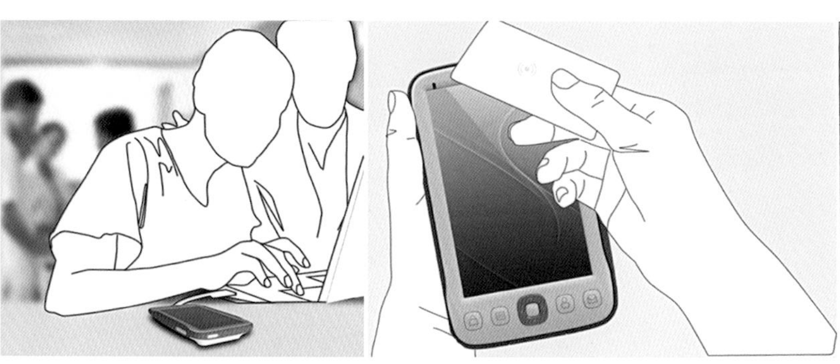

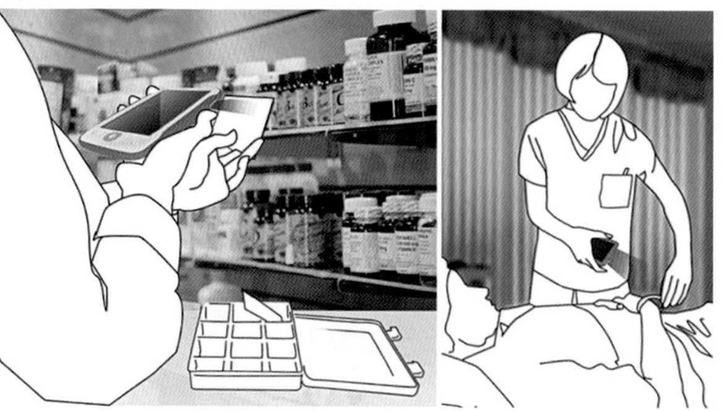

手持卫星电话设计

设计：B449工作室
客户：南京熊猫集团
时间：2009年

移动卫星电话是一款军用产品，在设计上充分考虑了用户在特殊环境下的使用需求，特别仔细地研究了移动卫星电话的整体产品环境，在实现防水、防滑等高性能指标要求的基础上，特别强化了作为装备产品同装备产品系统的一致性的设计。

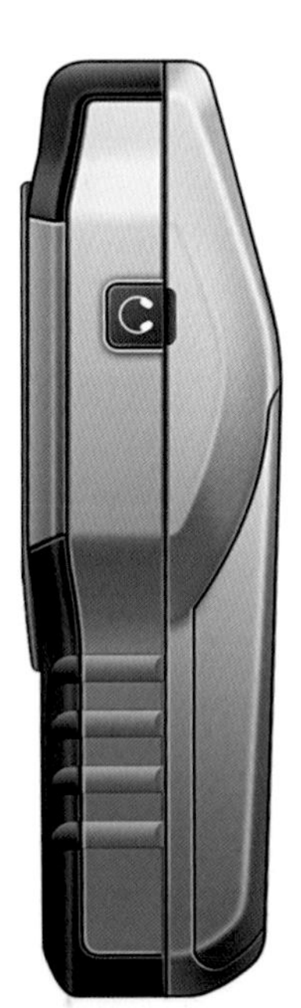

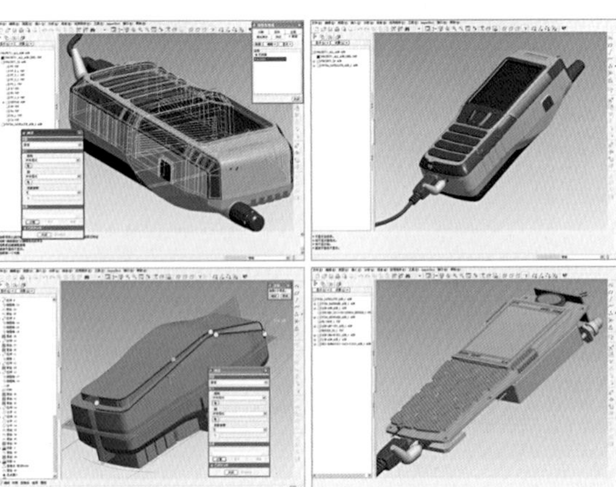

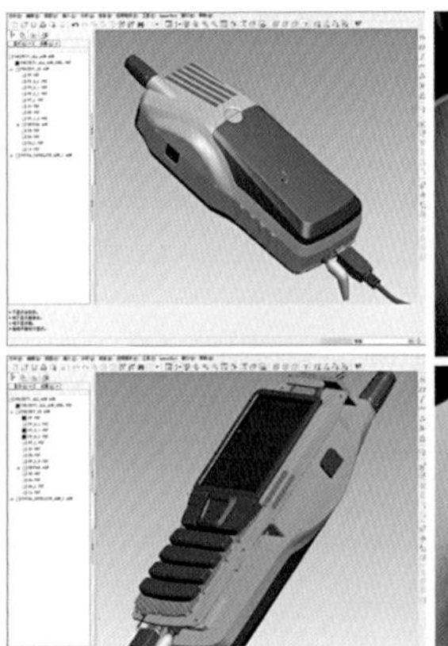

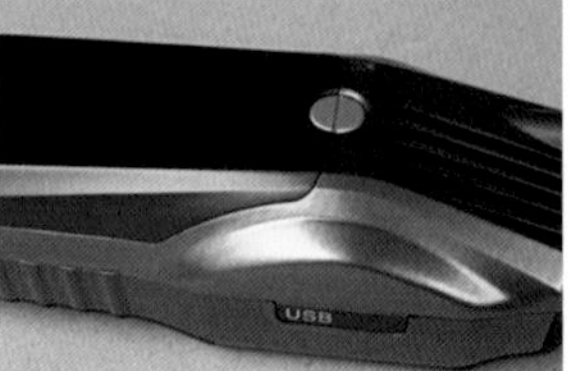

杨 霖

宇朔工业设计公司副总经理；设计总监

1983.8~1987.9：北京空军指挥大学航空兵系 教官

1987.10~现在：清华大学美术学院工业设计系 副教授研究生硕士导师

1994.3~1995.2：日本筑波大学产品生产设计科 客座研究员

1997.7~1997.12：日本东北艺术工科大学产品设计科 客座研究员

2002.6~2005.6：清华大学美术学院教务办公室 主任

2013年至今：中国工业设计协会专家组成员

研究方向：产品设计开发是本人主要学术研究方向。无论是教学中，还是社会服务中都围绕着这一方向展开。

学术主张：以系统理论的方法，对“人、产品、环境”的系统要素进行分析；并以产品设计开发计划的体系形式，表达出主要方向和其重点内容；利用产品设计知识产权，在广泛的行业领域范围内整合尽可能的资源，为保证开发实施的成功创造条件，是本人研究的重点内容。 在研究人们生活方式的基础上；以工业设计的视角，从理解产品的使用方式、形态、性能等因素入手；在把握产品的原理、形态、材料、结构、工艺、技术、价格、市场等方面的基础上；对产品进行分析、选择、设计、评价；以及工艺保证、生产标准、品质标准、市场导入等过程环节的控制为前提；制定出产品设计开发的工作计划，并实施计划的全过程。

创建北京宇朔创新工业设计公司、深圳宇朔科技发展有限公司、香港宇朔国际科技发展有限公司。

学术代表作：《探索以资源协作方式从事产品设计开发》《论产品知识产权与工业设计公司的竞争力》

著作：《产品设计开发计划》

课程教学：产品设计开发计划、系统设计（系统理论在产品设计中的应用）、人体工程学

生理指征仪产品说明

设计：杨霖

本产品是一种对人体不造成体外检测创伤的健康感知型电脑，可避免用户的生理痛苦，并实现一日多次连续的检测，方便日常的健康检查；本产品采用高度集成技术和多种血糖测试方法融合技术，不但可以检测多项参数，而且可以充当智能平板电脑，是集娱乐和健康检查于一体的智能感知电脑。本产品可以同时显示血糖浓度、血氧饱和度、血红蛋白浓度、血流速度、脉搏、环境温湿度、体表温湿度数据、监测状态、报警及其他提示信息等。

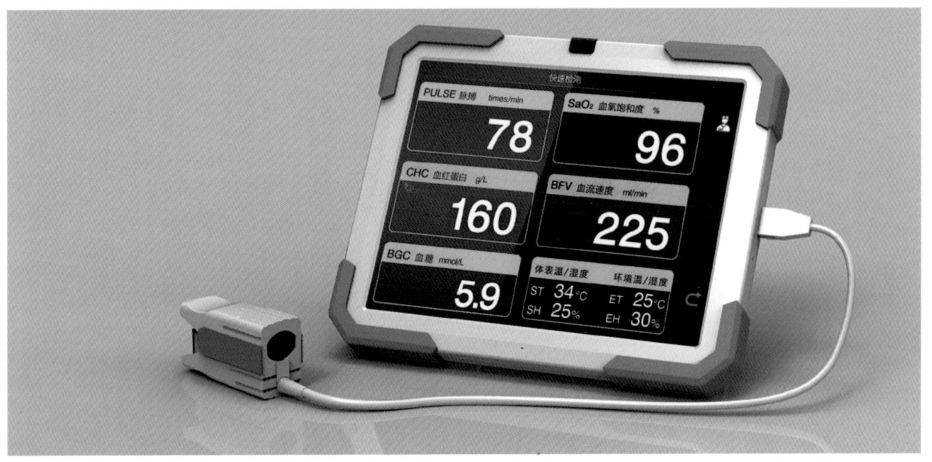

锌合金压铸U盘设计

设计：杨霖

锌合金压铸U盘创意设计看似比较简单，但是现在较为高端的U盘产品，其加工工艺特点是最薄的壁厚仅有0.6mm；另外，表面处理无论是硬度还是色差及平整度都要求很高。在生产加工过程中各项品质控制要求很高，目前只有少数工厂可以加工。

移动充电宝设计

设计：杨霖

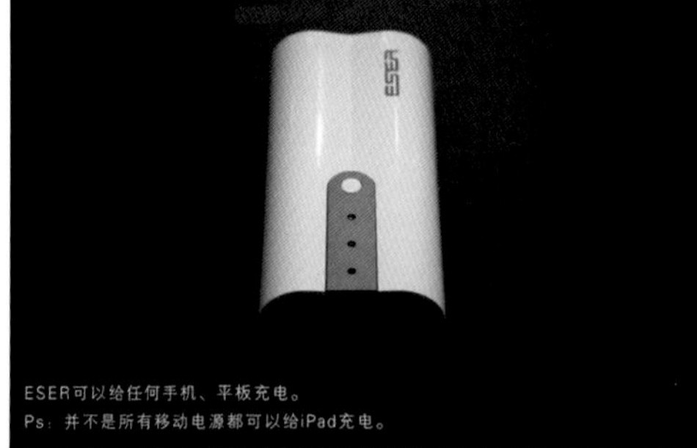

ESER
ESER可以给任何手机、平板充电。
Ps：并不是所有移动电源都可以给iPad充电。

小体积超便携

出行必备的灵巧拍档

设计之初就考虑一切的小巧化、压缩化，采用最小巧的体型设计的移动电源，将内部空间压缩到最小，让电池所占比例最大化大。方便用户随身携带是设计最关注的重点。

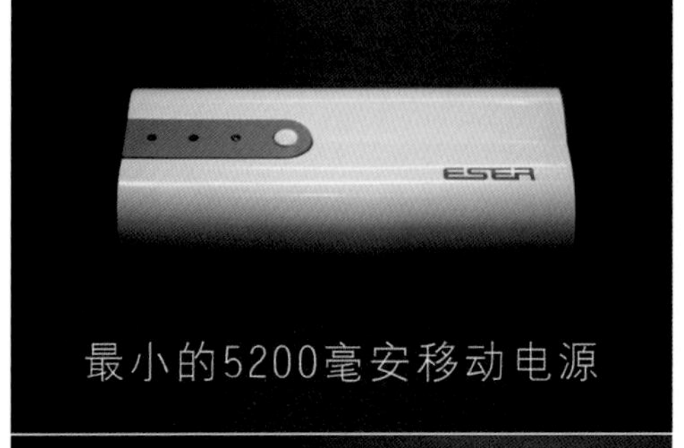

独创可拆换电池

电量可根据需求无限扩展

全球首创且是独创的可拆换电池设计，使用户自己就能随时更换充电电池。这样带来的好处是用户可自备多节电池，交替使用，扩展电容量。并且，延长了产品整体使用寿命，在电池老化后，用户只需更换新电池，无需更换移动电源本身。

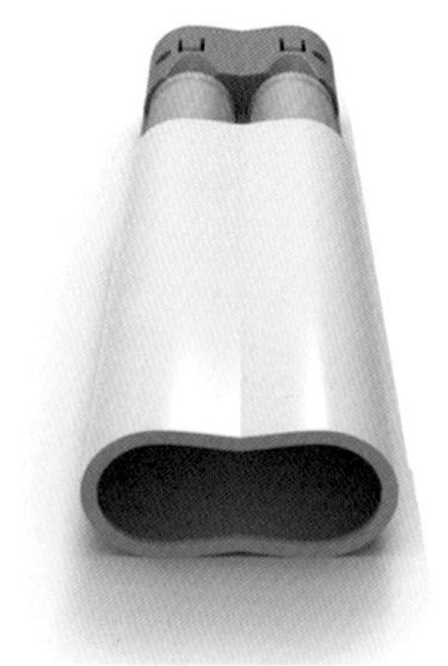

刘志国

硕士研究生学位
清华大学美术学院工业设计系副教授

从事工业设计教学26年，近10年致力于交通工具设计教学，为德国奔驰、法国PSA、日本三菱、上汽集团技术中心、上海泛亚、上海大众输送汽车设计人才。2004年带清华团队赴德参加AUTO MOTOR & SPORT举办的交通工具设计竞赛，并获最佳品牌设计奖。2005和2008年作为主要辅导教师参加首届汽车大赛获金奖一名，银奖二名，特别奖一名的成绩。第二届汽车大赛获评委会大奖一名，银奖两名也获得其他国内外大奖。

承担交通工具设计专业的教学和产品设计专业教学工作。本人参与的《交通工具课程教学体系》获清华大学教学成果一等奖，合作出版教材《交通工具造型设计概论》。作为主要参加者，《综合造型基础课程》被评为北京高等学校市级精品课程、国家精品课程和国家级教学成果二等奖。指导毕业生多次获优秀毕业设计奖。

从事科研活动完成清华大学拟人型机器人的外观设计、NOKIA未来小型化模块化移动终端研究、MOTOROLA消费者审美趋势研究,创维液晶电视设计等研究设计任务，并有多项设计已成功投产，并获得好评。

曾获设计奖项：手机概念设计——银奖　第九届全国美术作品展览

商用综合信息终端概念设计——银奖　上海工业设计活动周（原轻工业局、中国工业设计协会）

2010年HI-end音响设计第十一届全国美术作品展览入选

2011年首届北京国际设计三年展“沉浸”胆机放大器入选参展

便携式监护仪——铜奖　上海工业设计活动周（原轻工业局、中国工业设计协会）

步行伴侣——国际评委提名奖、艺术与科学国际作品展

未来社区理想交通概念设计——国际评委提名奖、艺术与科学国际作品展

“皇冠”LED展示用灯具设计

设计：刘志国
时间：2006年

LED专用射灯设计，采用大功率LED作为光源，通过一系列的光学设计，可以投射均匀光线，较现有同种功能射灯产品可大幅度降低电能损耗，同时大幅度地减少紫外线对照射物品的损害。

其设计特点在于，用简洁的设计不突出产品的造型，从而充分突出光线的作用，而灯具本身隐藏在背后，灯具主体造型因性能的需要而存在，皇冠装的散热片和桶状结构共同作用，形成流动的气流，极大地提高了散热效率，解决了LED光源散热的关键问题，由于其单元散热器形状特征，该射灯定名为皇冠。

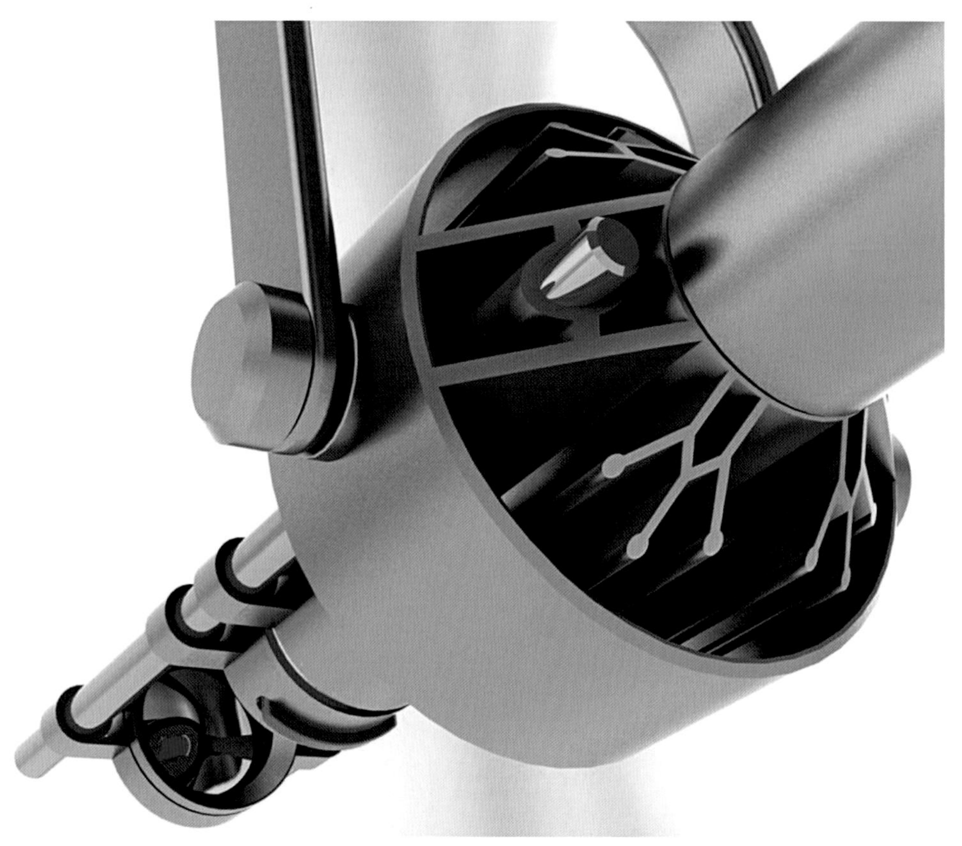

平地机外观、内室全新设计及人机工程技术研究

客户：徐工集团江苏徐州工程机械研究院
项目负责人：刘志国、严扬、张雷
参与项目设计师：李健、刘强、韩伟、陈凯元
参与人机研究人员：刘健
时间：2014年

400吨矿卡外观、内饰全新设计及人机工程技术研究

客户：徐工集团江苏徐州工程机械研究院
项目负责人：刘志国、严扬、张雷
参与项目设计师：李铁彬、李健、刘强、韩伟
参与人机研究人员：杨皓
时间：2013年

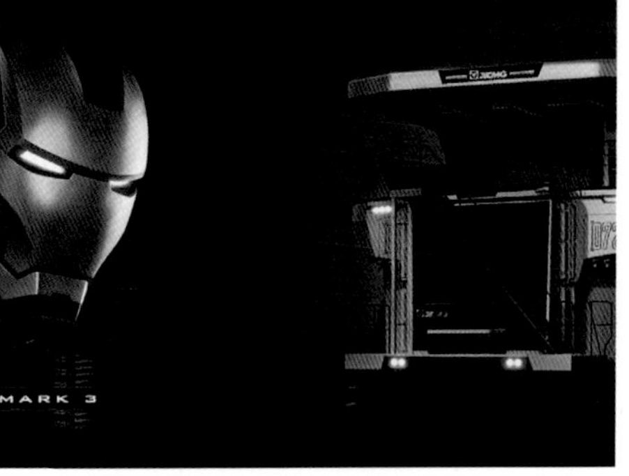

36吨单钢轮压路机外观、内室全新设计及人机工程技术研究

客户：徐工集团江苏徐州工程机械研究院
项目负责人：刘志国、严扬、张雷
参与项目设计师：李健、刘强、韩伟、李铁彬
参与人机研究人员：刘健
时间：2013年

张　雷

1968年10月生于北京

清华大学美术学院工业设计系 副教授 副系主任

1990年毕业于中央工艺美术学院工业设计系获学士学位同年留校任教至今，2002年至2004年就读于法国国立贡比涅大学（UNIVERSITE TECHNOLOGIE DE COMPIGNE）设计学院工业设计系，获工业设计硕士学位。

多篇论文和设计作品在国内外主要期刊发表并主持多项国内外设计项目（国内部分其中包括国家863项目和985人文社科基金项目）。

设计作品多次在国内外参展并获奖其中包括：北京国际设计三年展、意大利米兰设计周设计展、法国巴黎设计师日设计展、东京设计周设计展、慕尼黑国际电子设备展、杜塞尔多夫国际医疗用品展、香港电讯展等，设计作品连续四届入选全国美术展览设计展。

担任2010年上海世博会中国馆展馆评委会专家成员、中国大学生国际设计双年展评委。

设计作品30余项已在国内外投入生产和销售，其中包括：国际商业机器中国有限公司(IBM中国有限公司）TA-1集线器设计、2008年奥运会身份识别系统设计、Cetis智能防控产品设计、中国高速列车车站扬声系统设计、法国SAINT-CONPIN 玻璃制品公司儿童趣味饮水瓶设计等。长期进行设计项目合作的公司包括：IBM, Boeing, Nokia, CetisGroup, Nissan, P&G China, Sinopec等。

波音(BOEING)机场登机轮椅

设计：张雷
客户：美国波音公司
时间：2012年

机场轮椅长久以来就存在着诸多问题，比如由于轮椅传统的金属材质会影响对残疾人乘客的安检，所以在通过安检门时必须由专人辅助更换轮椅，传统轮椅与登机轮椅尺寸存在较大差异性，不能直接登机、舒适度不够等一系列问题，使残疾人乘客的登机过程十分不方便。
此项目旨在通过好的设计改善残疾人乘客的登机体验，此设计通过非金属全合成材料的应用避免了在使用者通过安检门时需要更换轮椅的繁琐过程，加之轮椅的尺寸在满足舒适度的情况下同时满足登机的尺寸要求可直接登机，进一步简化了登机过程，使残疾人乘客的登机体验得到全面提升，达到舒适、快捷、易用等多方面要求。
此设计入选2013年意大利米兰设计周设计展。

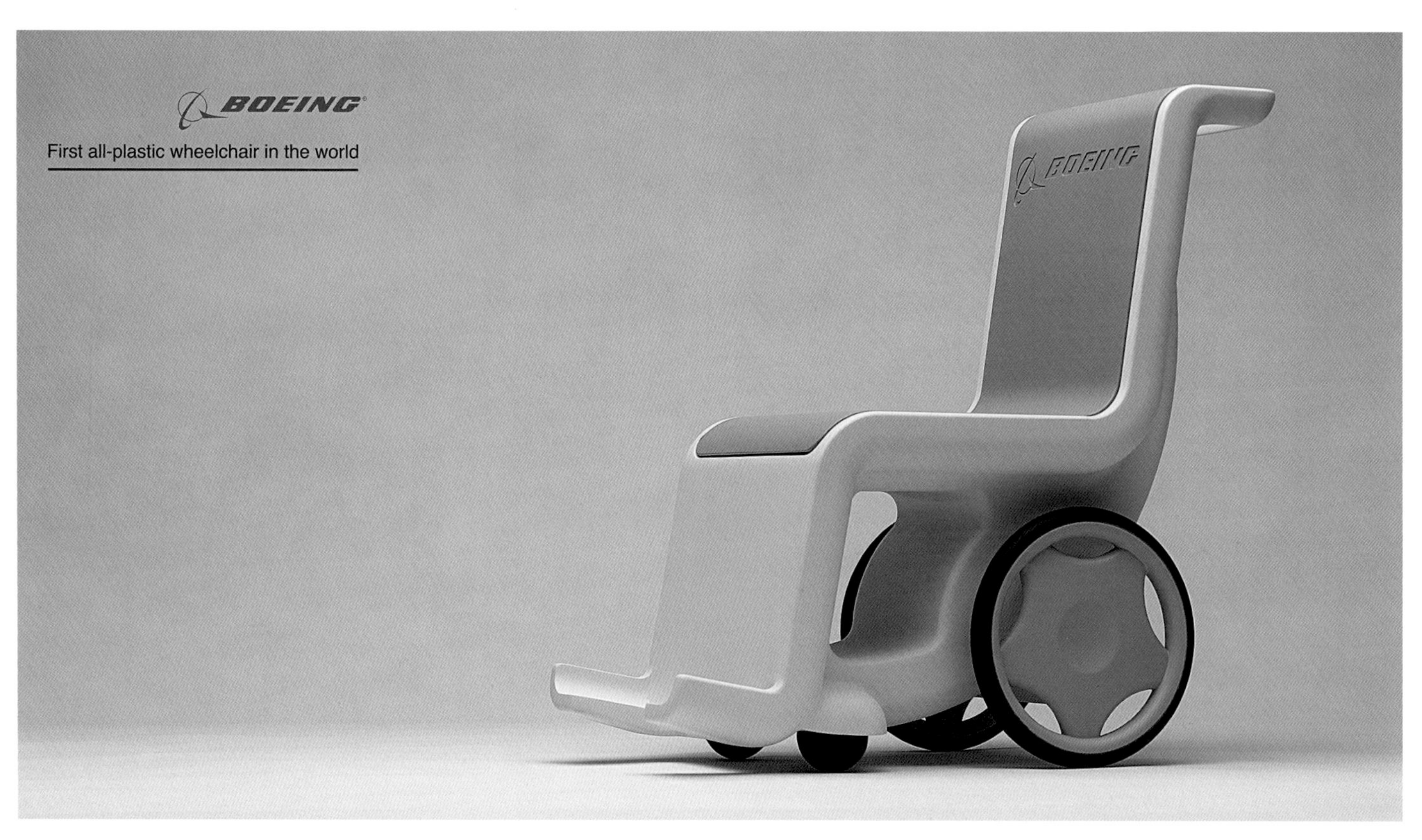

移动娱乐产品设计

设计：张雷
客户：北京互联新网科技有限公司
时间：2013年

移动娱乐是一种全新的娱乐体验。此产品开发主要针对福利彩票和各种彩票购买和兑奖相关的资金使用，是一种相对特殊的移动娱乐产品。此概念产品在注重人机工程学的基础上，充分考虑到产品使用时的舒适性和便携性。在按键的设计上通过区域的划分和不同形状的运用将功能清晰地区分开，避免使用上的误操作。以铝合金哑光材质为主的流线型整体造型同黑色面板形成鲜明的对比，凸显了产品的科技感和品质感。

智能吹风机

设计：张雷
客户：Cetis,Inc.
时间：2014年

Cetis智能吹风机将工业设计和先进的智能感应技术相结合，带来了全新的用户体验。

整体造型以直线为主，没有复杂曲面造型的繁复，灰白双色的搭配更加突出简约时尚的设计风格。在细节设计上吹风机挂环、防震和防磨橡胶条、经过计算机辅助设计的精密低噪声进风和出风口，手持姿态自动触摸开关使整个使用过程变得既轻松又享受。

智能电话

设计：张雷
客户：Cetis,Inc.
时间：2013年

智能电话3500系列是全球酒店语音通信及能源管理设备制造商Cetis的全新产品。新颖时尚的外观背后汇聚着强大的功能，带给用户全新的使用体验。一键对接手机等带蓝牙的设备，任意接听、拨打手机中的电话，尽情享受零辐射带来的绿色生活；内置无线WiFi，享受360° 全面覆盖无线网络的使用体验，可对其远程控制，管理轻松易行，全面实现对客房设备的智能化管理，使酒店客房的智能体验不再遥远。

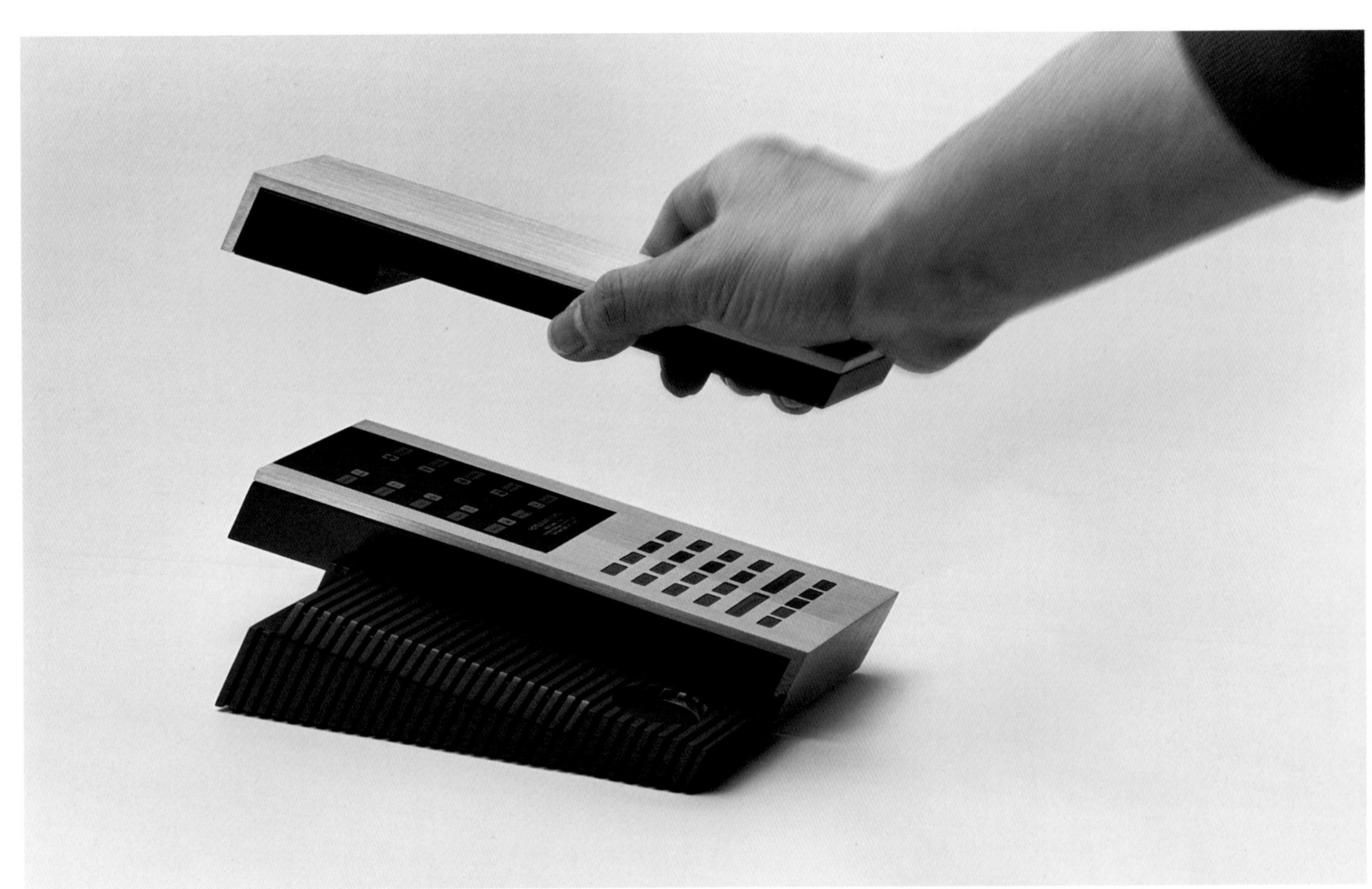

洪麦恩

现任清华大学美术学院展示艺术研究所所长。多年从事大型主题展览和博物馆基本陈列设计研究，担任多个国家级大型主题展览和纪念馆总体设计，所主持项目多次获“全国十大陈列展览精品奖”等国家级奖励。

代表项目：
山海关长城博物馆
纪念中国人民抗日战争暨世界反法西斯战争胜利60周年大型主题展览
“复兴之路”大型主题展览
辉煌60年——中华人民共和国成立60周年成就展
南湖革命纪念馆
“科学发展 成就辉煌”大型主题展览
临沂革命纪念馆
毛泽东纪念馆
李先念纪念馆
遵义会议纪念馆

辉煌60年——中华人民共和国成立60周年成就展

设计：洪麦恩
时间：2009年

本展览2009年展出于北京展览馆，展览面积23700m^2。分序展、综合、农业、工业、基础设施、科教、文化等15个展区，是中华人民共和国60周年国庆四大活动之一。

南湖革命纪念馆

设计：洪麦恩
奖项：第十届全国博物馆十大陈列展览精品奖
时间：2009~2011年

南湖革命纪念馆新馆位于浙江嘉兴，占地面积2.73公顷，展陈面积达7794m^2。分为“开天辟地”和“光辉历程”两大主题。

沂蒙革命纪念馆（新馆）

设计：洪麦恩
时间：2013年

沂蒙革命纪念馆（新馆）展陈面积一万余平方米，分为《沂蒙革命历史展览》和《党的群众路线主题教育展览》两部分。

遵义会议纪念馆

设计：洪麦恩
时间：2014年

遵义会议纪念馆，展陈面积6083m^2。分为“战略转移 开始长征”、“遵义会议 光辉永存”、“转战贵州 出奇制胜”、“勇往直前 走向胜利”、“遵义会议 光辉永存”五个部分。

刘 强

清华大学美术学院 副教授 硕士生导师，中国建筑装饰协会厨卫工程委员会专家，中国建材流通协会理事，被授予“改革开放三十周年中国建材流通风云人物”称号。

主持教育部人文社会科学研究项目:“高铁站房建设中艺术工程设计的地域化应用研究”。为迎接2011年博鳌论坛和金砖四国会议，主持海南东环铁路站房艺术工程整体策划设计工作。

2009~2012年主持80多个高铁站房旅客静态标识导识系统设计工作，占当年铁道部完成高铁建设项目45%，成为最重要的合作单位。主持中国联通青海分公司大楼建筑设计(与邓轩合作)。主持高铁温福线福建段六站、京沪高铁三个精品站（泰山、曲阜、滕州）站、成都东站、汉口站、青岛北站、石家庄站空间设计及艺术工程设计。主持铁道兵纪念馆展陈设计。主持德国LEICHT北京橱柜产品及展示中心设计。

主持《住宅厨房建筑装修一体化技术规程》编写。主持《住宅卫生间建筑装修一体化技术规程》编写。

导识系统设计研究

设计：刘强

2009~2012年主持全国80多个高铁站房旅客静态标识导识系统设计工作，占当年铁道部完成高铁建设项日的45%，成为最重要的合作单位之一。图为福州南站、苏州站。

中国联通青海省分公司通信综合楼设计

设计：刘强、邓轩

与邓轩合作设计了中国联通青海省分公司通信综合楼。4万平方米左右的建筑设计，将于2015年落成于西宁市海湖新区核心地块。

铁道兵纪念馆设计

设计：刘强

铁道兵纪念馆及中国铁建展览馆是纪念铁道兵成立65周年而兴建。

北京师范大学联合国教科文组织国际农村教育研究与培训中心室内设计及艺术工程

设计：刘强

《生命·印象》生态树脂材料作品

设计：刘强

该作品参加了2012年艺术与科学展及2013年意大利米兰设计展。

德国LEICHT橱柜中国旗舰展示中心设计

设计：刘强

此设计是为德国LEICHT公司在北京设计的中国旗舰展厅，500m^2，2015年落成。

王国胜

清华大学美术学院副教授，清华大学艺术与科学中心设计管理研究所副所长，SDN（Service-Design-Network）国际服务设计网络（中国）主席。
中国首位在清华大学研究生院开设“服务创新与设计”研究生课程的服务设计学术带头人，长江商学院设计思维与服务创新客座教授。学术专长为创新战略与设计管理方法，活跃于欧、美、亚的学术交流与跨界创新项目。自2000年，长期投身政府与企业的创新咨询活动，尤其在消费电子、通讯产品和电子商务领域积累了丰富的实践经验。受聘为北京市政府设计顾问，中国电子信息产业集团CECWireless高级设计顾问，Cellon-International设计总监、中国工业设计协会信息产品设计委员会（CIPD）秘书长。2012年赴Weatherhed School of Management, CWRU访学，参与Richard Buchanan 教授（Dept. Information System）的Design in Management的课程和Cross-cultural design Innovation的研究。
近年开始专注于服务创新战略及设计管理方法研究，方向包括：
1）DO-IOT：基于物联网的设计创新与机会
2）SDMT：基于服务的创新方法与工具研究
3）SOPD：基于服务的产品创新战略与设计
4）STB：政府与企业的服务模式创新与商业模式创新

“Fire work”

设计：王国胜
客户：Togo &Trio design
时间：2005年

iF 国际设计奖2005年度唯一中国大陆获奖作品，2005年CeBIT Asia邀展设计作品。设计从创意起源到外观都强调中国传统文化与数码时尚的结合。“Firework”产品内置1.8英寸微硬盘，海量音乐和图片数据。视觉交互方面避免了大屏幕的技术的滥用，采用U-shaped OLED，提供用户更多的视、听体验。人机设计为避免繁琐的按键操作，采用了透光触控板，housing运用整体金属材质。

TOGODESIGN
Beautiful Day-U2 . MP3
LOADING...
The innovation of the MP3 "LOADING" lies in breaking
through the use mode of existing mp3 and merging the different
multimedia platforms. You can read the data
from disk rapidly and transform between different formats
such as mp3 and CD inerrably.

“Nudge和韵”

客户：Togo &Trio design
时间：2005年

“Nudge和韵”的创意起源于中国传统文化特色的一个缩影——麻将，麻将自古以来就是人们消遣娱乐的工具，延续至今已经发展成为一种独特的娱乐文化。“Nudge和韵”的设计运用了中国麻将传统文化元素，将传统与现代科技融合为一体。

马　赛

马赛

清华大学美术学院 副教授 副院长

1993年毕业于中央工艺美术学院工业设计系，并留校任教至今。大学所读专业为工业设计，工作后最初也是在工业设计专业从事教学工作。

1996年因工作需要，转至工业设计系的展示专业任教。工作以来，一直在产品设计和展示设计领域从事设计实践和教学工作。

先后出版有《工业设计与展示设计》、《设计表达》、《展示设计》等教材。

近年来参加了北京奥运会开闭幕式的策划与设计工作，与清华大学美术学院团队共同完成了“缶”等方案的设计，被聘为广州亚运会开闭幕式、深圳大运会开闭幕式视觉造型总设计师，是首都国庆60周年群众游行指挥部专家组成员。参与并完成了北京铁道博物馆、清华大学校史馆等展示设计工作，完成了铁道部高速铁路车站导视系统的设计及标准的制定工作，设计的“集线卡子”获得第11届全国美术展览银奖。

机场轮椅

设计：清华波音联合创新实验室
时间：2012年

当前，残疾人候机轮椅无法放置随身的行李，此外因为材质多为金属，在过安检门时会产生蜂鸣，需要把残疾人抬离轮椅进行检查，给残疾人带来诸多不便甚至是痛苦。此项设计旨在通过良好的设计改善残疾人乘客的登机环节，经过改良的候机轮椅，材质为全塑料，采用滚塑工艺一体成型，轻便坚固，造型圆润，避免对乘客造成伤害，过安检门时仪器不会鸣叫，残疾人无需离开轮椅即可接受安检，此外，在座椅下方及后方分别增加了大件行李及小件行李的放置空间，方便携带，靠背处有竖向的孔，可以清楚地看到后方小件行李空间内的物品，避免遗忘。

酒店熨斗

客户：Cetis
时间：2014年

作为五星级酒店的必备用品，强化产品的风格与品质，造型简洁、时尚，色彩单纯，重量轻、体积小，便于收纳，同时满足住店客人的临时熨衣需求。

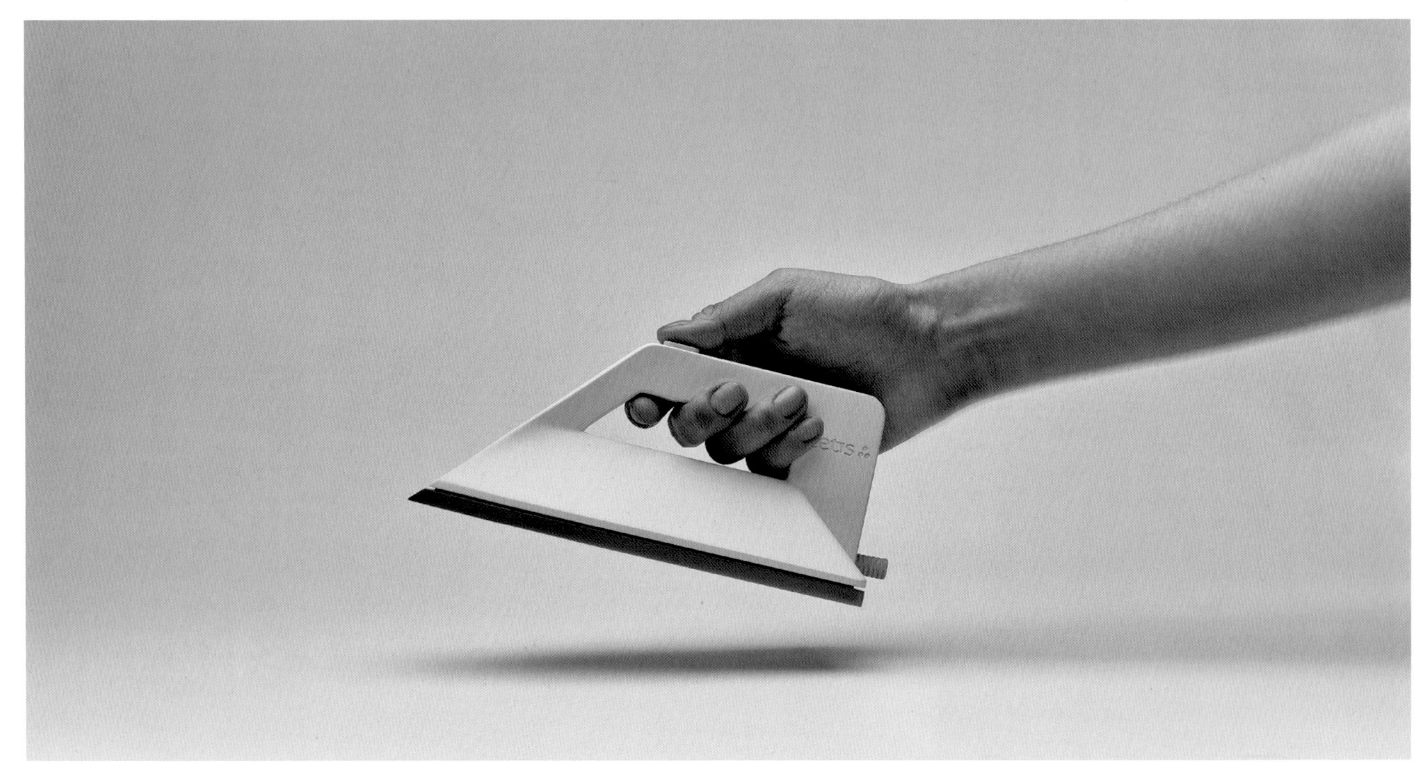

“柒牌之夜”中外外交官联谊酒会会场设计

客户：柒牌
时间：2006年

“柒牌之夜”中外外交官联谊酒会是北京服装周的活动之一，地点在北京饭店，企业希望配合其服装广告，凸显中华元素，由于活动场地大，层高很高，且布展时间很短，布展期间不能发出声响影响周边的活动和住店客人，因此常规的设计无法满足相关要求，必须另辟蹊径。经现场考察，最终采用薄纱、纸灯笼等轻便材料，便于快速实施，同时采用浓烈的中国红，强化色彩的视觉冲击力以及空间的整体氛围。在古筝的伴奏下，酒会气氛热烈，会场给驻京的各国外交官留下了深刻的印象。

M系列酒店电话

客户：Cetis
时间：2013年

作为全球最大的酒店语音通讯与能源管理设备制造商，其产品既要接受酒店管理集团的严苛选择，符合酒店的风格与品位，同时也要满足住店的高端人群的使用需求。M系列分为座机、无绳和浴室电话三部分，风格统一，听筒可互换，有效降低了成本，面板颜色可更换，以应对不同酒店的色彩体系的要求。座机一方面突出听筒与机体的整体性，另一方面也强化电话与桌面的紧密联系。倾斜的键盘便于操作，机体Wifi、蓝牙、USB充电、内置高保真音响，声音从两侧和后端扩散，音场十足，客人可以一键连接手机，实现智能化控制，酒店、家庭、工作单位零距离，从而享受全新的住店体验。

赵 超

博士 副教授
清华大学美术学院工业设计系主任
清华大学健康医疗产业创新设计研究所主任
澳大利亚昆士兰科技大学客座研究员和格里菲斯大学设计学院客座教授

赵超博士先后获得原中央工艺美术学院学士学位、清华大学硕士学位、澳大利亚昆士兰科技大学博士学位。他在工业设计教育、研究、实践领域有着多年经验，获中国政府国家优秀海外留学生奖；教育部新世纪优秀人才；澳大利亚政府“澳中校友杰出成就奖”；“中国设计业十大杰出青年奖”等表彰。

作为负责人主持诸多国家部委和国内外大型企业的产品和服务创新设计项目，在多项国家863重点项目中主持工业设计研发工作。设计项目获得国际红点设计奖；创新设计红星奖，全国美术展览优秀奖、国家重点新产品奖等荣誉奖项。设计作品入选米兰设计展、艺术与科学国际作品展、北京国际设计三年展等重大设计展，作品被德国红点设计博物馆、中国国家博物馆、中国美术馆、浙江省美术馆等重要文化创新机构收录展出或收藏。担任俄罗斯创新设计奖国际评委、亚欧设计奖国际评委、首都科技支撑项目专家评委等评审工作。在国内外出版学术专著及教材9部，发表论文40余篇，拥有设计专利8项。

生物芯片检测系统一体化设计与企业产品形象定义

设计：赵超
客户：国家生物芯片工程研究中心（国家863重点科研项目）
时间：2010年

基于生物芯片技术的健康医疗产业是未来医学与社会经济的重要发展方向和新的增长点。针对这一领域进行系统化和人性化的产品与服务设计是健康医疗企业实现自主创新和参与国际市场竞争的重要手段。本设计项目是国家863重点项目课题，基于先进的生物芯片技术和个体化医疗理念，在进行深入的产业特征研究、企业文化研究、用户可用性研究的基础上，通过整合技术与美学因素，在系列产品线上创造出一体化的产品语言与独特的企业形象。该系列生命科学检测系统包括高通量生物芯片扫描仪、恒温测序仪、生物芯片反映工作站三台仪器，主要应用领域集中在临床检验，如自身免疫性疾病检测和细菌鉴定与耐药检测等；食品安全检测，如兽药残留检测和食品微生物检测等；生命科学研究，如DNA甲基化检测和基因表达谱分析等。该系统在世界上首次实现了针对新生儿耳聋基因的大规模筛查，为个体化医疗和基因治疗技术的发展作出了有益的尝试，也为工业设计与生命科学产业的跨学科整合创新作出了新的探索。该系列产品获得包括设计创新红星奖在内的多项创新设计奖项。

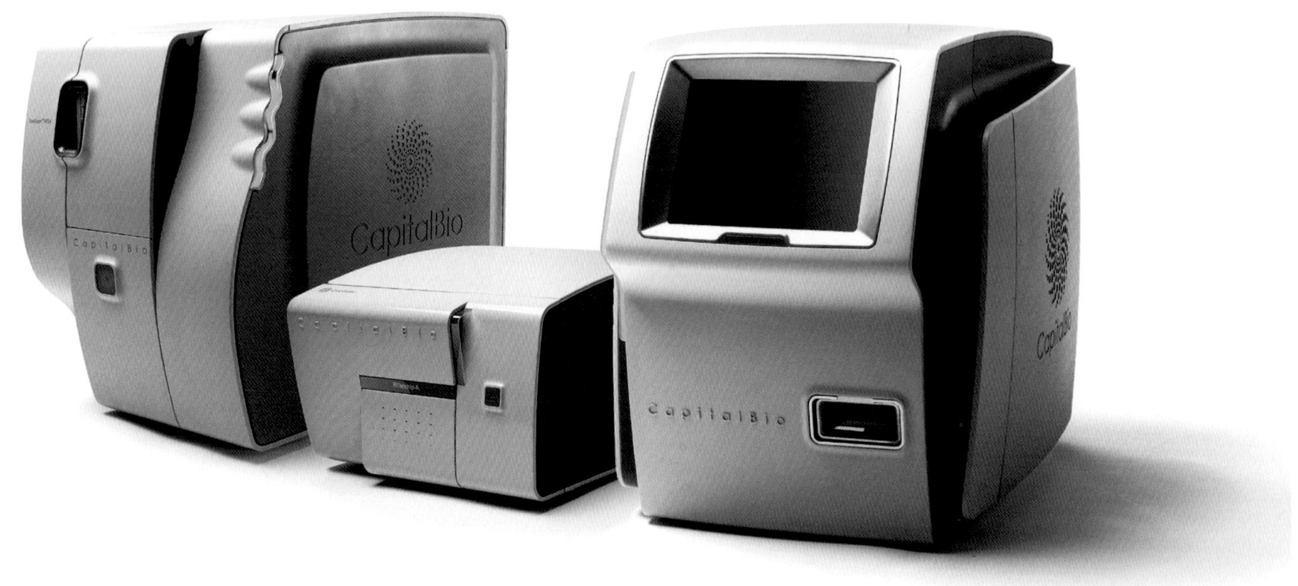

基因芯片分析系统

设计：赵超
客户：国家生物芯片工程研究中心（国家863重点科研项目）
时间：2008

基因芯片分析系统是国家863重点项目成果，该系统可用于中低通量、大密度的表达谱芯片、重测序芯片的分析，为个体化医疗和生物医学研究提供了一个高性价比的技术平台。该系统包括流体工作站和芯片扫描仪组成。流体工作站由自动控制的机械手系统和温控系统组成，可以对杂交后的生物芯片进行自动清洗、染色等处理。它采用平台式结构，方便耗材的取放操作；精心设计的可视化操作，可使用户时时观察实验的进程；自动化机械手臂可以实现芯片的取、放和移动的灵活准确操作。该系统具有高清晰的图像质量，超高的检测密度，优异的稳定性和重复性，易用化的实体交互界面，独特的产品美学语义，多样化的CMF处理，将技术美学和生物医疗产业有机整合。该系统设计获得包括红点设计奖和设计创新红星奖在内的多项创新设计奖项。

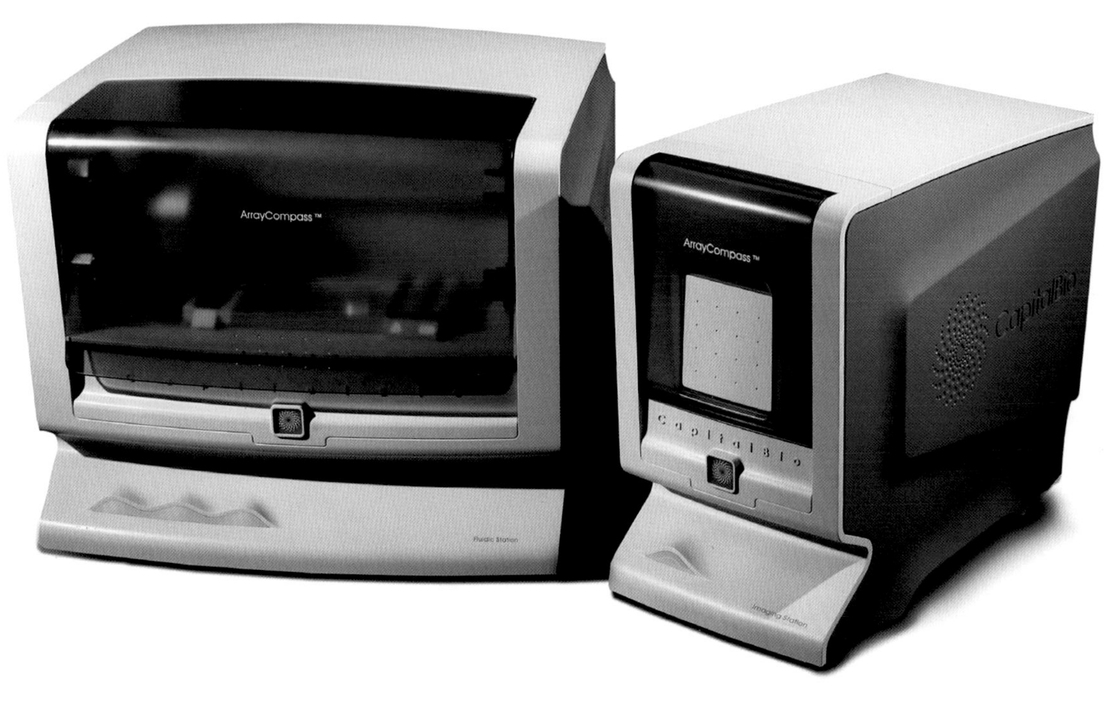

全自动化学发光免疫分析系统设计

设计：赵超
客户：国家生物芯片工程研究中心（国家863重点科研项目）
时间：2010

全自动化学发光免疫分析仪是当今国内外最先进的临床免疫技术的集中体现，该设备采用多项专利技术，根据待测物的不同，灵活选择分析技术、分析步骤和分析过程，以达到最佳的检测效果、最高的检测精度、最快的检测速度，是继放免、酶免、普通的化学发光技术之后的新一代标记免疫分析技术。检测的灵敏度高，检测速度快，大大节省病人等待检测结果的时间；检测范围宽，结果准确可靠。仪器检测涉及肿瘤标志物、甲状腺功能、生殖/内分泌、肝炎/艾滋、心血管类、药物浓度、毒品/滥用药物、代谢类、先天性疾病等多项临床检测指标。该设计易用化的实体交互界面，独特的产品美学语义，多样化的CMF处理，将技术美学和生物医疗产业有机整合，荣获创新设计红星奖等多项设计奖项。

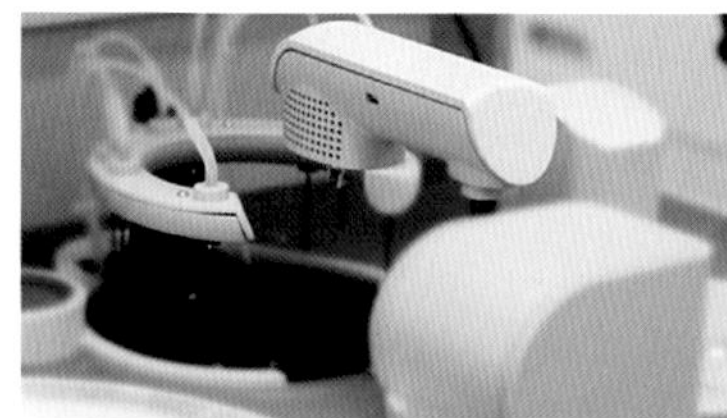

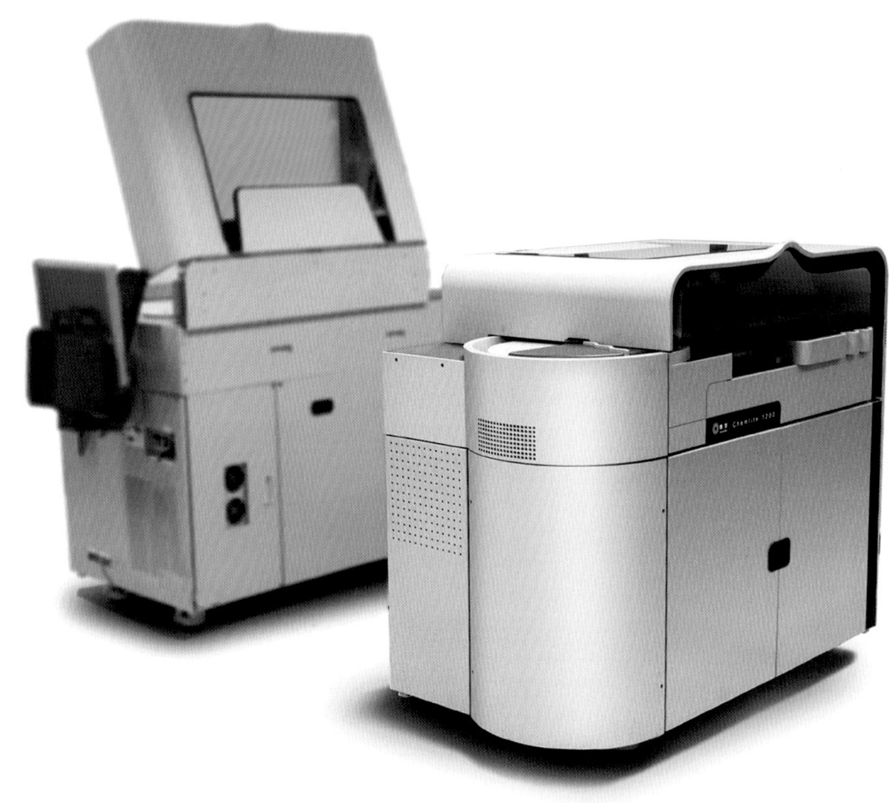

双激光共焦生物芯片扫描仪设计

设计：赵超
客户：国家生物芯片工程研究中心（国家863重点科研项目）
时间：2004

双激光共焦生物芯片扫描仪是用于各种不同密度微阵列生物芯片检测与分析的精密仪器。该仪器采用了包括光学、信号处理和运动控制系统在内的十余项独特技术，是进行各种密度基因和蛋白微阵列芯片检测与分析的科研工具和进行个体化医疗的有效检测产品。该设计运用语义学理论对生物医学仪器的用途作了充分的表述，提炼抽象出DNA双螺旋结构的图谱片断，对DNA的形态语言进行语义学层面的解构，表现出生命形态蓬勃发展的无限可能性与不确定性，对传统的医疗器械产品设计语言提出新的探讨，在新兴医学技术产业的产品设计语言探索上作了有益尝试。该设计荣获创新设计红星奖等多项设计奖项。

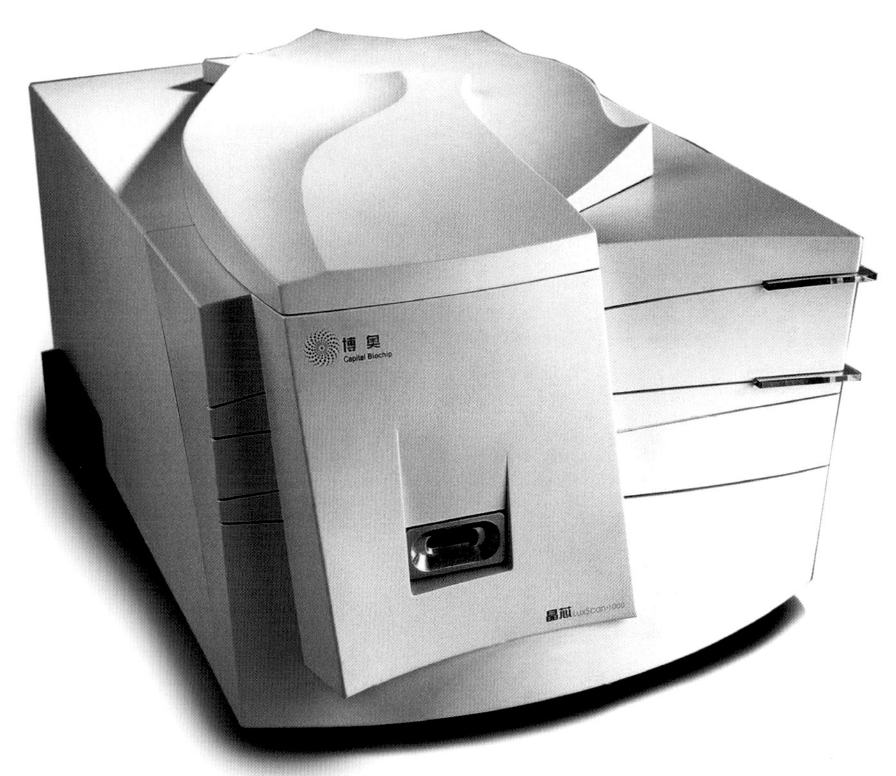

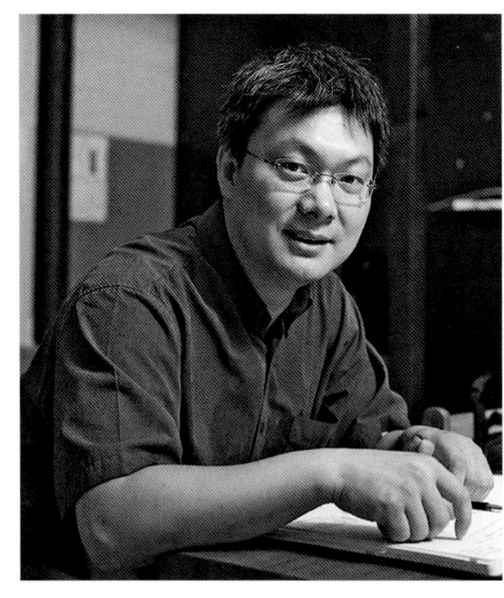

蒋红斌

清华大学美术学院副教授　文学博士。
清华大学艺术与科学中心　设计战略与原型创新研究所　副所长。
清华大学美术学院 学生艺术设计学会　指导教师。
中国工业设计协会专家工作委员会　办公室主任。
中关村工业设计产业协会　常务理事。
“联合国教科文组织可持续发展十年计划”中国区“绿色之友”发起人。
日本东京艺术大学　客座研究员。
日本千叶大学设计学部、筑波大学感性科学研究室等专题研究成员。

从事教育工作二十年，所教课程分别荣获清华大学、北京市和国家级的优秀教学团队奖。
主要从事综合设计基础系列、工业设计概论、设计思维与设计战略等教学课程；针对设计学、设计思维与设计创新方法、设计战略，以及中国工业设计发展机制等展开专题研究。

2008年度“中国创新设计红星奖”的“至尊金奖”和“最佳设计团队奖”。
2009年度清华大学优秀青年教师奖。
2010年度、2012年度，获清华大学优秀班主任奖。
2012年获“光华龙腾奖”的“中国设计贡献”奖银质奖。
2013年获“中国工业设计十大杰出推广人物称号”。
2014年获“中国工业设计协会十佳教育工作者”。

中国2008年奥运会主广场灯具

设计：蒋红斌（团队成员之一）

结合中国传统造型处理手法，以现代生产技术为基础，并融水下燃烧、高山缺氧环境下燃烧、人因工程学等因素，综合设计创新而成为进入最后角逐的提案。

中国2008年奥运会火炬竞标方案

设计：蒋红斌（团队成员之一）

与北京奥运会主场馆——“鸟巢”建筑语言相一致。将LED，超高广场灯杆方杆成型技术等高度结合，综合打造出的自主创新产品。

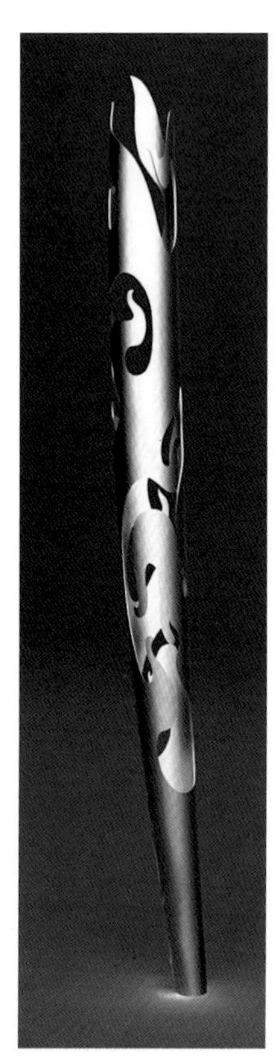

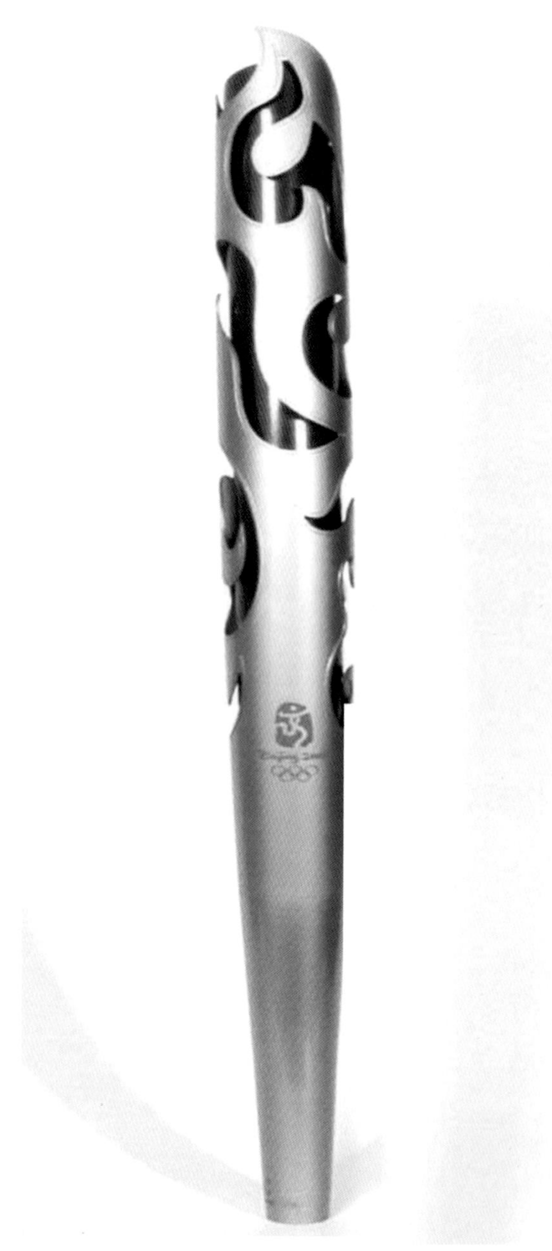

中国灯具之都——古镇创新设计提案

设计：蒋红斌

结合中国当代家居设计潮流，融现代光源技术、灯具膜技术和当代人们的家居方式，综合设计创新而成。

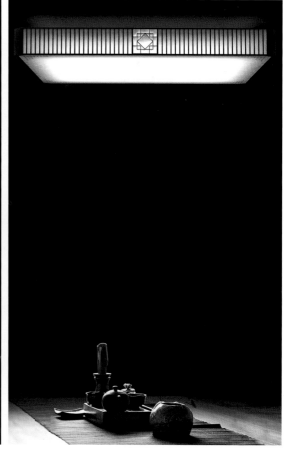

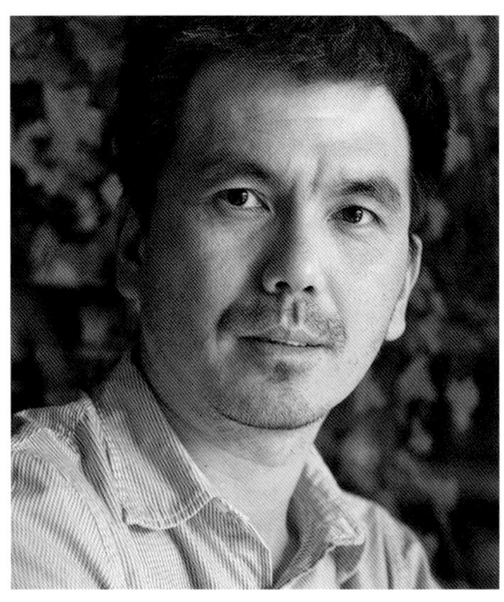

唐林涛

博士、副教授、德国洪堡基金会“总理奖学金”学者。
研究方向为设计方法论，学术主张通过设计做研究（Research Through Design），整合知识创新。

2001年始，师从柳冠中先生获博士学位及从事博士后研究；2006年出站任教以来，发表论文若干，出版专著3册；从事“原型创新”设计，获发明专利2项，实用新型专利6项；设计作品多次获奖，并应用于人民大会堂、国家体育中心；主持国家远洋科考船人性化设计等重大国家项目；现任半导体照明学会专家委员会顾问、清华美院设计战略与原型创新研究所副所长。

Lighting
Design
for
08 Olympics
we explore the nature of light
lamp design team of beijing olympic green
Light
Concept
Street lamp brings light at night, whereas in daytime it only stands there embarrassedly like something unwanted on the street. It comes to be a key that how to make a street lamp valuable day and night.

“飞翔”路灯

设计：唐林涛
客户：奥运中心区管委会
时间：2007年
奖项：2008中国工业设计红星奖“至尊大奖”，第一作者（原创设计）

灯柱采用扁宽矩形截面，打破了惯常的圆柱或方柱造型，扁宽的灯柱在顶端以45° 方向弯折两次，自然地形成灯头，灯头与灯柱呈135° 角。由于这样多折面的设计，灯具在不同自然光的共同作用之下，呈现出丰富而立体的光影效果。随着太阳移动，灯具表现着光的变幻和魅力，成了光的代言者，表达出光的造型。异曲同工的是，两盏灯以中心对称组合在一起，错落有致，舒展的造型恰似一对刚刚张开的翅膀正要高飞，因而命名为“飞翔”。奥运结束后，该设计被重庆、大同等多个城市采用，销售额过亿元。

人民大会堂满天星LED筒灯

设计：唐林涛
客户：人民大会堂管理局/勤上光电股份有限公司
时间：2012年
奖项：第八届中照照明奖一等奖

人民大会堂万人礼堂满天星照明LED改造项目是国家发改委推动的“节能减排”示范性工程。由东莞勤上光电股份有限公司中标的该工程完工于党的十八大前夕。实践证明，全部照明指标均达到了预期目标，整个空间环境亮度适中、舒适怡人，无论是主席台还是观众席，人物均能清晰可见，无眩光感觉，具有明显的节能效益。
本设计是基于“垂直对流散热”结构的发明专利（专利号公开号：CN102155716A，发明人：唐林涛）而设计。
本设计是在系统研究人、空间与光的关系基础上，通过整合光学、电学、热学，以及结构、材料、工艺等相关知识基础上的“原型创新”，是“整合知识创新”方法论的实践成果。

“拉风系列”路灯

设计：唐林涛
客户：勤上光电股份有限公司
时间：2011年
奖项：2012中国工业设计红星奖　银奖

“拉风”系列路灯是受到“蜂窝煤原理”启发的原型创新，其“垂直对流散热结构”将传统LED路灯散热器所存在的“热岛”效应彻底解决，并利用空气的自然对流来加速散热，还创造性地使用纯铝冷挤压工艺实现结构。散热效果优异，可将1W芯片推3W，在获得同等光通量情况下，芯片节省率高达60%，可提高芯片寿命，大幅度减少模块数量，灯具体积减小、重量减轻，装配时间缩短，物流成本降低，从而全方面实现LED绿色、节能的特点。

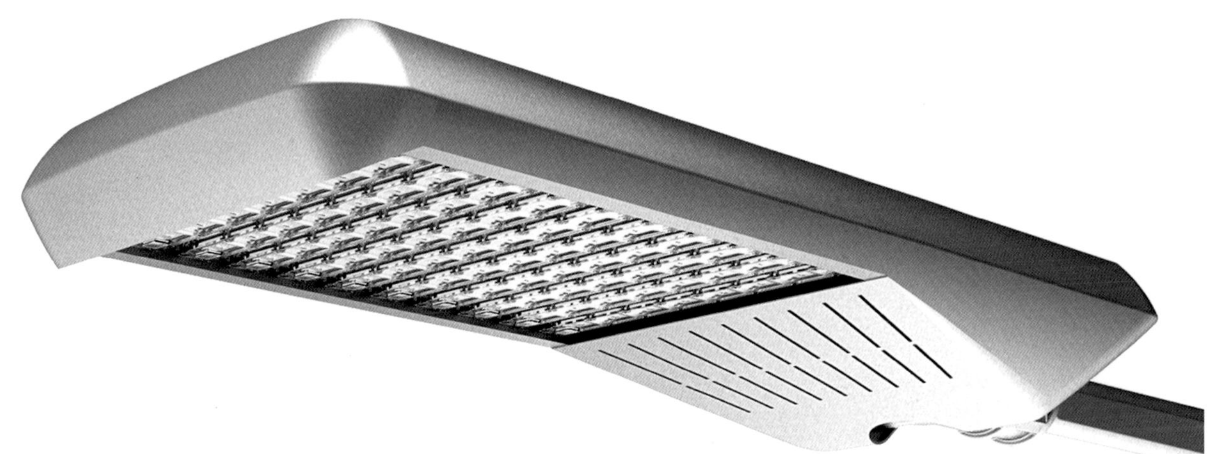

刘　新

原中央工艺美术学院毕业到汽车厂工作，后入原中央工艺美术学院读研，毕业后为自由设计师，再入清华大学美术学院读博，毕业留校任教至今。主要研究方向为“可持续设计”、“用户研究”和“综合造型基础”。LeNS-China中国可持续设计学习网络发起人，DESIS社会创新与可持续设计联盟清华美院lab负责人。

2012年入选教育部“新世纪优秀人才支持计划”。

近年来专注于以设计思维介入到健康农业、都市种植、绿色出行等领域的研究、教学与实践，倡导以社会创新方法推动可持续生活方式的构建。

中国中小城市青少年休闲方式潜在需求与趋势研究

研究：刘新

由设计学与心理学团队合作的用户研究项目。对中小城市青少年人群的自我人格特征、价值观念、运动休闲方式、品牌认知和消费行为等方面进行综合研究，并拍摄系列的典型人物视频。最终为企业的产品设计战略提供依据。

深圳建筑双年展——都是边缘

设计：刘新

2013年底应邀参加“深港建筑双年展”——都市边缘版块。展出为家庭种植设计的植物照明灯、智能种植管理服务系统设计、布袋花盆，以及宣传“食在当季、食在当地”的视觉传达设计。

可持续生活实验室

设计：刘新

“可持续生活实验室”旨在尝试一种全新的绿色、低碳生活方式，并在将来会拓展到新型可持续社区的构建中。该项目是从集装箱房屋建造、生活垃圾处理、沼气应用、有机种植等综合的系统设计。

FOOD LOOP“都市农场”

设计：刘新

FOOD LOOP“都市农场”项目，参加2013年北京国际设计周，获绿色环保奖。该项目探索在城市空间内，将食品生产、制作、消费和厨余垃圾的回收利用整合到一个循环系统中。倡导健康、绿色的生活方式。刘新副教授的“创新食品网络”团队参与策划和设计。

范寅良

1974年出生。

Degree: Dipl.–Ing. MSc 硕士 德国建筑师规划师

中国工艺美术家协会展示艺术委员会　副秘书长

清华大学通用设计研究所　所长

清华大学美术学院工业设计系　副系主任

2003年，德国杜塞尔多夫大学　建筑学　室内设计双学士

Studies of interior design and Architecture Fachhochschule Düsseldorf (Degree 2003)

2004年, 德国务博塔尔综合大学　城市规划设计硕士

Studies of Master of science in Urbanplanning Bergische Gesamthochschule Universität Wuppertal (Degree 2004)

2000年德国托伊斯多夫市政府广场改造设计优秀奖。

2002年德国学术交流中心杰出外国留学生奖。

2002年~2003学年度德国杜塞尔多夫专业大学毕业生特别奖。

2004年德国“陶德”建筑奖提名。

2004年德国杜塞尔多夫市政府优秀建筑师奖提名，被杜塞尔多夫市长Joachim Erwin亲自接见。

2009年清华大学校级优秀先进工作者。

2011年清华大学教学基本功大赛二等奖。

2011年清华大学百年校庆先进个人。

2010年世博会世博村

设计：范寅良
客户：上海世博会
时间：2010年

2010年上海世博会世博村总建筑面积约54万平方米，分为生活区和配套服务区两大区域共10个地块，生活区包括A、B、D、J地块，总建筑面积为地上34万平方米，分为VIP生活区、公寓式酒店以及经济型酒店，在世博会期间供各国参展单位和来访宾客使用。于2010年上海世博会期间正式投入使用。

天津南开中学校史馆

设计：范寅良
客户：天津南开中学
时间：2012年

天津南开中学校史馆以及周恩来中学时代纪念馆坐落在天津市南开中学的北校区。这座建筑复建于1937年，原名“伯苓楼”，以天津市南开中学校长张伯苓而命名。建筑共有两层，使用面积近960m^2。建筑为历史保护建筑。展示内容分成了两个部分，一层为南开中学校史馆，二层为周恩来中学时代纪念馆，于2012年8月19日正式竣工开馆。

上海辰山植物园

设计：范寅良
时间：2011年

上海辰山植物园位于上海市松江区，佘山国家旅游度假区内，于2011年1月23日对外开放。总占地面积207.63公顷，是华东地区规模最大的植物园。园内有入口、温室以及科研中心三大主要建筑，综合其他建筑总建筑面积在1万平方米以上。景观以及建筑均有德国设计团队设计，其中以“叶”型曲面温室建筑最为特殊。

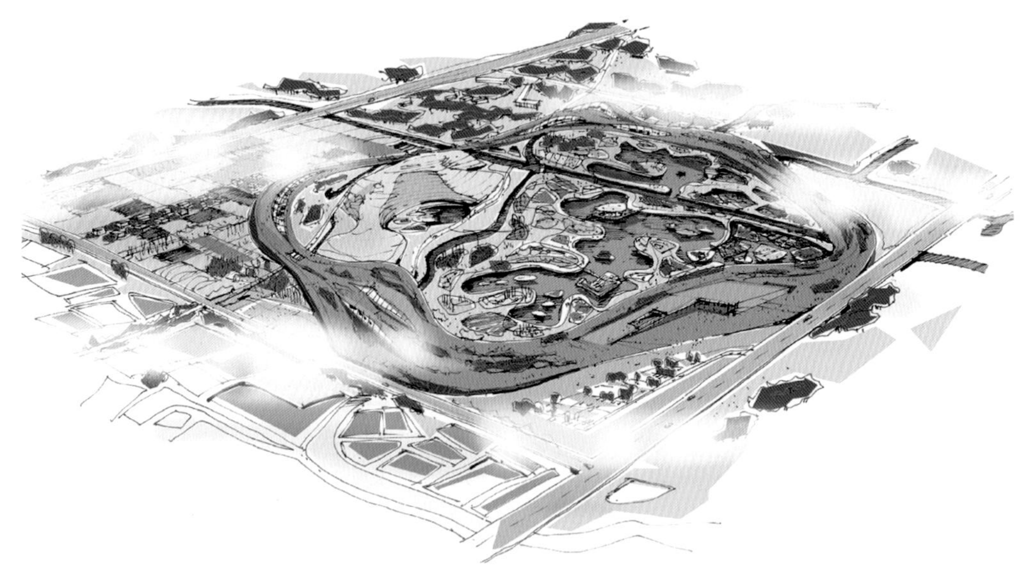

清华大学校史馆

设计：范寅良

清华大学校史馆位于清华大学校园主楼西侧，毗邻新礼堂。分为上下两层，展示使用面积约2000m^2。校史馆主要为庆祝清华大学百年校庆所兴建，主要介绍自1911年建校以来至2011年清华大学的历史和发展足迹。展线以时间大事记形式为叙事主线，将主展线的内容与副展线的社会发展史相结合进行展示。该展馆与2011年4月正式投入使用，开馆期间受到国家领导人胡锦涛总书记的参观访问。

刘希倬

1961年4月出生于辽宁沈阳。

1981年9月~1985年8月，鲁迅美术学院 装潢专业 学士。
1989年9月~1992年8月，鲁迅美术学院 壁画专业 硕士。
1985年8月~1989年9月，鲁迅美术学院助教。
1999年8月~2008年7月，鲁迅美术学院副教授。
2008年8月至今，清华大学美术学院副教授。

作为主要作者参与创作完成的全景画《赤壁之战》、《济南战役城区攻坚战》、《鲁西南战役—郓城攻坚战》、《莱芜战役城北攻坚战》分别获第十届全国美术展览金奖（壁画项）、铜奖（壁画项）和首届全国壁画大展大奖、佳作奖，《淮海战役》、《井冈山斗争》分别获第十一届全国美术展览金奖（壁画项）、获奖提名（壁画项）；环艺与展示作品《白山黑水》、《三国城·计谋殿》分别获全国首届和第三届室内设计展金奖。
专业研究方向：
展示设计中的空间构造与形态研究。

营口百年风云录

设计：刘希倬（王铁牛、万小东、王世刚）
时间：2011年12月

作品尺寸：55m×6m
作品放置地点：辽宁省营口市民兴河广场

莱芜战役纪念馆

设计：刘希倬（万小东）
时间：2007年12月

作品尺寸：展厅7000m^2
作品放置地点：山东省莱芜市

左恒峰

1965年生于湖南。
英国诺丁汉特伦特大学设计艺术学博士，意大利帕多瓦设计学院工业设计硕士。
南京理工大学材料科学硕士，南京理工大学材料科学学士。

清华大学美术学院工业设计系副教授，英国南安普顿索伦特大学客座教授。
清华大学美术学院CMF创新试验室负责人，意大利米兰Piccinato Design设计机构中国地区设计总监，博士研究生导师（英国），硕士研究生导师（清华）。

英国材料学会（IoM3）高级职业会员，英国国际设计研究协会会员。

具有丰富的材料科学和工业设计的双重学科背景和实践经验。自1993年以来，在中国、意大利、英国的高校和企业一直从事工业设计的教学、研究和实践。先后任设计学讲师、责任产品设计师、设计总监、高级设计研究员和设计学教授。学术专长集成了材料科学、心理学、美学、社会学等多学科的理论与方法。自2009年回国后任职于清华大学美术学院工业设计系，建立了色彩、材料、表面装饰（CMF）创新实验室和跨学科研究团队，并获得国家艺术学科重点项目资助，任课题组首席专家。出版学术著作2部，学术论文20余篇。研究及设计项目涵盖3C电子、交通工具（汽车、航空）、家居产品等众多行业。

多次担任LeNS国际设计竞赛、璐彩特亚克力制品设计竞赛等大赛评委。出席英国剑桥大学国际材料教学研讨会，德国柏林塑料设计艺术等多次国际会议并做主题演讲。所指导的学生作品分获红点奖等国内外奖项，并参选国际会展。他创立的英国材料美学数据库在英国企业界获得成功应用。目前正在建立国内首创的面向设计师和制造企业的材料、色彩、表面处理CMF大型数据库，可望为设计师提供高端咨询服务，为企业打造全新产品形象。

飞机客舱CMF研究与创意

项目主持：左恒峰
设计：苏华、张雷、刘志国等

客户：美国波音公司
时间：2013年8月~2014年5月

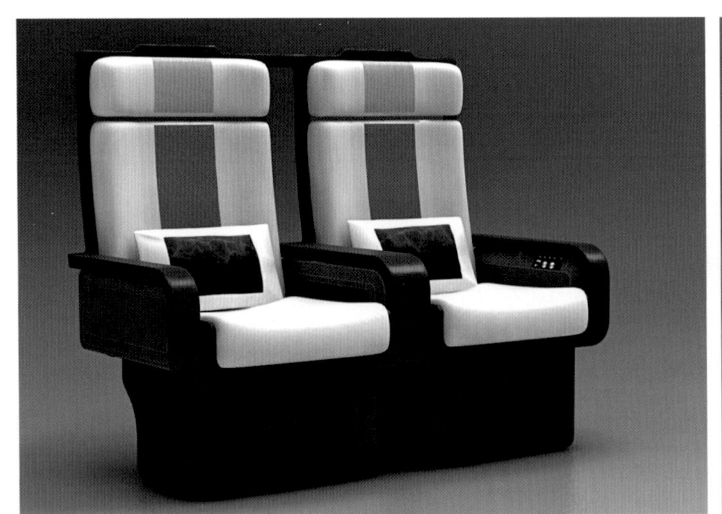

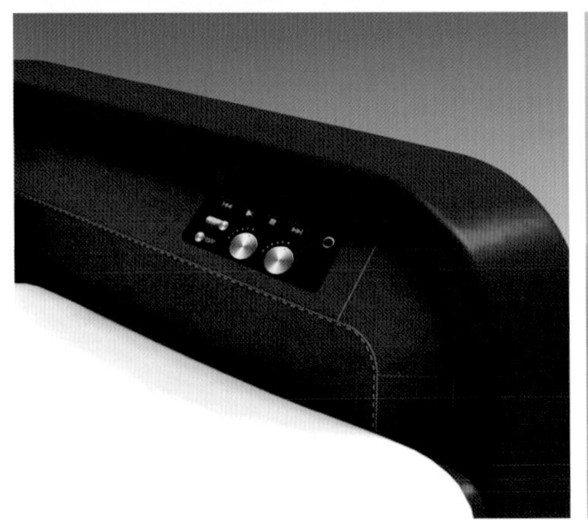

设计艺术中的色彩材料表面装饰（CMF）知识体系和数据库框架研究

项目主持：左恒峰
研究人：左恒峰、苏华、张雷等
客户：国家艺术类社科基金（重点项目）
时间：2010~2014年

系统探索面向设计艺术的关于材料-色彩-表面处理（CMF）的综合信息。深入理解材料与人、主观与客观、材料与工艺之间相互关系的规律；建立CMF数据库，优化材料及其色彩和质感的选择和组合，打造全新产品形象，提升企业竞争力。

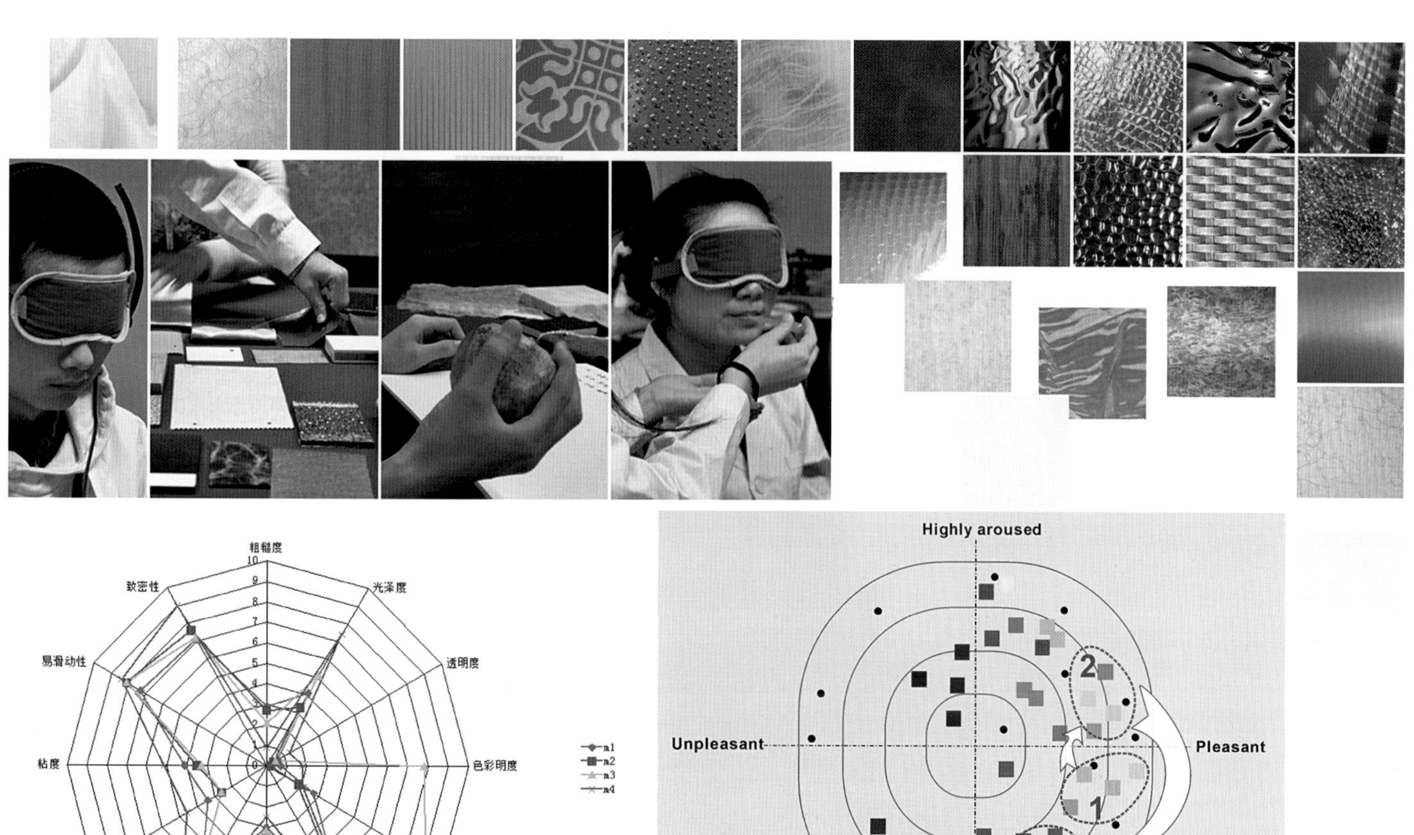

材料感知与材料美学数据库研究

研究人：左恒峰

客户：英国高等教学研究基金会

时间：2006~2009年

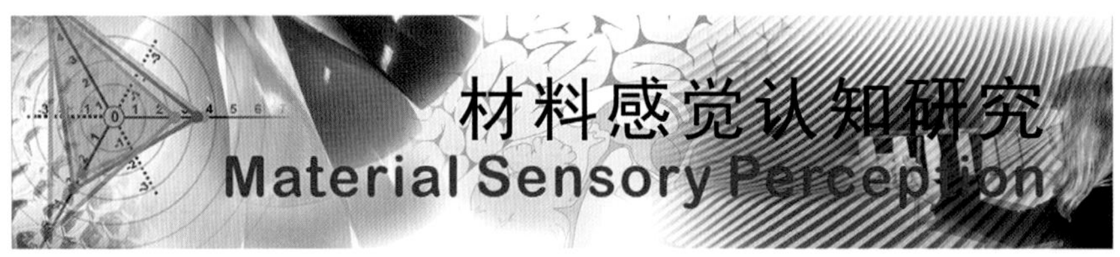

RESEARCH

Project name: Development of Material Aesthetics Database
Funds: HEFCE, and Southampton Solent University
My role: Principal Researcher and Project Leader
Time length: 6 years

RESEARCH AIMS

Provide design professionals with reference and guidelines in materials/textures selection and combination to match sensory adaptation and aesthetic experience.

RESEARCH METHODOLOGY

Our research methodology focuses on the following aspects:

- sensory evaluation
- physical testing
- cultural study
- statistical analysis
- computer programming
- case study

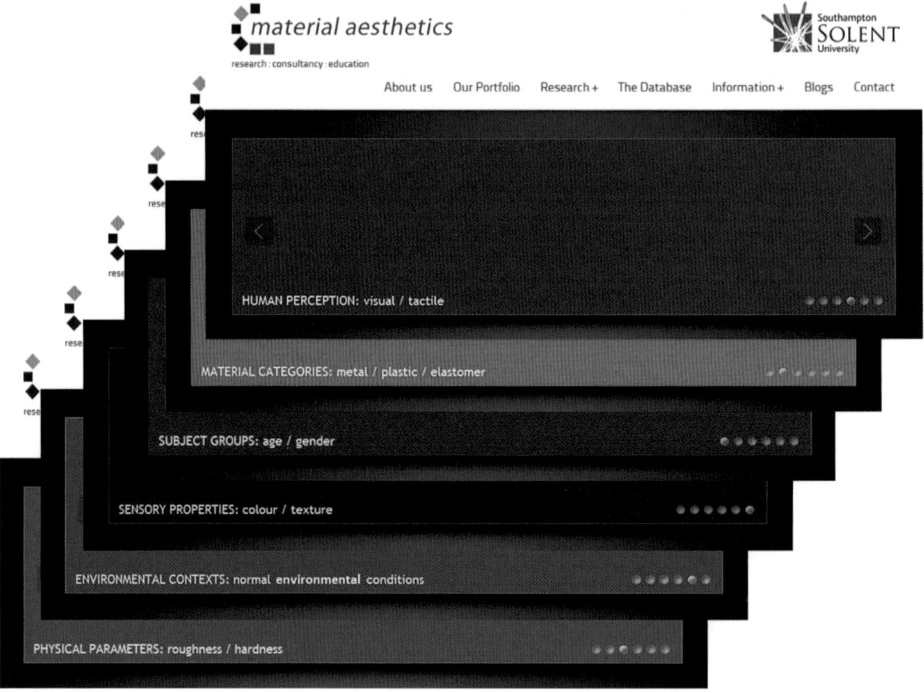

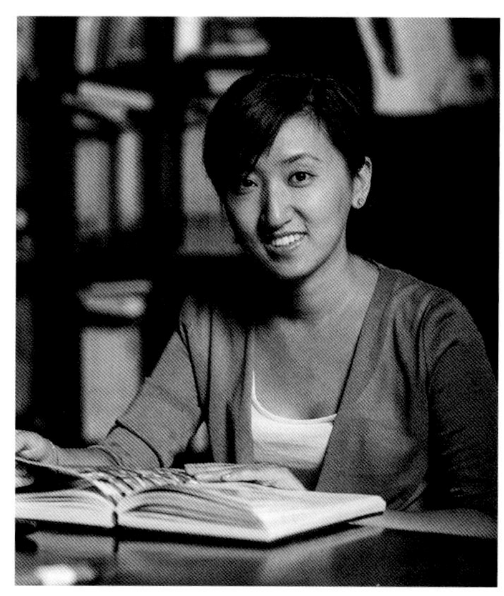

周艳阳

博士、副教授、硕士生导师。

2004年本科毕业于清华大学美术学院环境艺术设计系，后留学意大利留学，获得米兰理工大学（Politecnico di Milano）室内与展示设计博士学位。2010年任教于清华大学美术学院工业系展示专业。

曾任首届北京国际设计三年展协调人，海尔集团企业文化馆展陈设计负责人。现任2015年米兰世博会中国国家馆展示设计负责人。

2013年入选国家青年英才培养计划。

海尔（Haier）企业文化馆

设计：周艳阳
时间：2011年

海尔企业文化馆总面积7000m^2，着眼于海尔27年来的创业史及企业文化。从策展到设计的各个环节时，全部运用“体验性展示设计”的设计理念。海尔集团首席执行官张瑞敏特致函清华大学校长以表示对设计工作的感谢。

2014青岛国际园艺博览会论道园

设计：周艳阳
时间：2014年

2014 被评为园博会五大看点之一。

“论道”展园以“绿色论道，植物秀场，立体花园”为设计主题。以饱含生态环保的理念，通过事件性园林空间的营造，力图对传统景观设计思维进行一次颠覆。

2015年米兰世博会中国国家馆展示设计

设计：周艳阳
时间：2014年

中国国家馆展示分为天、人、地。其中天表达中国顺天谋发展的哲学观；人表达中国人在农业与食品方面的智慧；地表达中华大地土地多样，物种丰富。

方案一

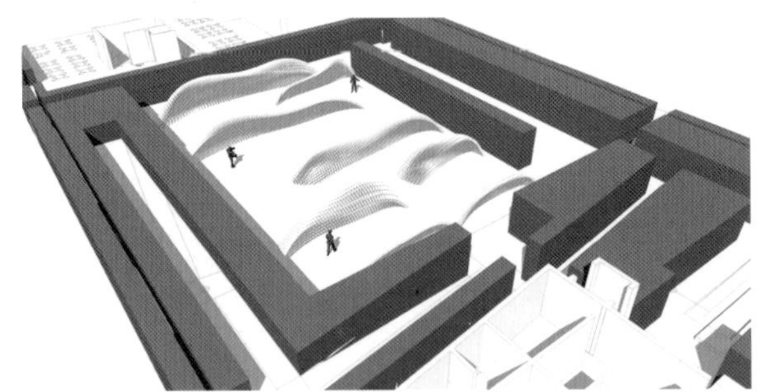

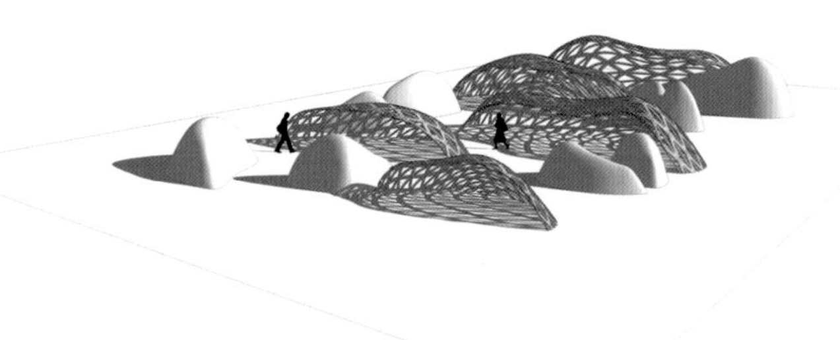

方案二

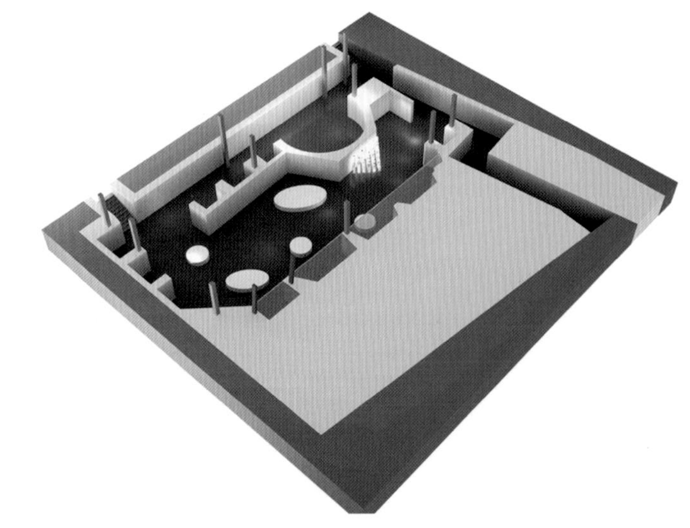

邱　松

清华大学美术学院教授，基础教研室主任

教育履历：1988年毕业于中央工艺美院工业设计系工业造型专业，获文学学士；2005年毕业于英国布鲁内尔（Brunel）大学设计工程学院设计战略与创新专业，获文学硕士。工作履历：1988年~1999年于中央工艺美术学院任教。1999年~现在于清华大学美术学院任教。社会兼职：中国工业设计协会资深会员。北京工业设计促进会理事。全国自学考试委员会委员。国际设计管理协会（DMI）会员。国际可持续设计联盟（DESIS）会员。

设计作品获奖：

获红点设计奖/1次，获IF概念设计奖(前十名)1次，获Evolo摩天楼设计大赛提名奖/1次。获红星设计奖特别奖/1次，获吴冠中艺术与科学创新奖/1次，获海南旅游用品设计大赛一等奖/1次，获北京奥运会、残奥会工作荣誉奖/1次。

获广州亚运会、亚残会特殊贡献奖/1次。

获海阳亚洲沙滩运动会设计中标奖/2次。

设计作品参展：

第十一届全国美术作品展。

首届中国设计大展，两件作品被收藏。

首届北京国际设计三年展。

第二、三届艺术与科学国际作品展。

第七届北京国际文化创意产业博览会。

通天沙塔

设计：邱松、康鹏飞、白莹、任挪亚、郭珅
时间：2014年
奖项：获Evolo摩天楼设计大赛提名奖（排名第一）

玉带祥云——2008北京奥运会颁奖台设计

设计：邱松、千哲、陈旗
奖项：获中国创新设计红星奖

第三只眼

设计：邱松、白莹、刘源源、姜莜炜
奖项：获IF概念设计奖（前十名）

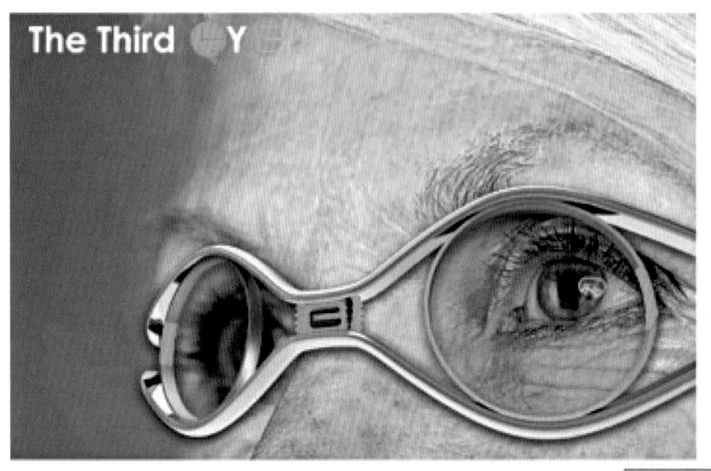

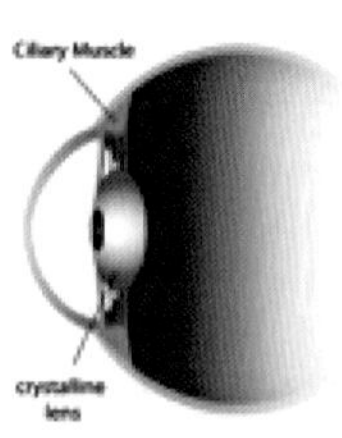

As we all known, the way human eyes get clear vision is by changing the shape of crystalline lens which stretched by the ciliary muscle attached to it. We learned from this principle and came up with this new idea.

The ophthalmic lens is made of membrane material, containing a certain amount of liquid. Metal memory material is used to make the frame which could remember two different states. By adjusting the distance between frames top and bottom could change the diameter of the lens, so that the membrane material gets bend inwards or outwards, to achieve concave lens or convex lens.

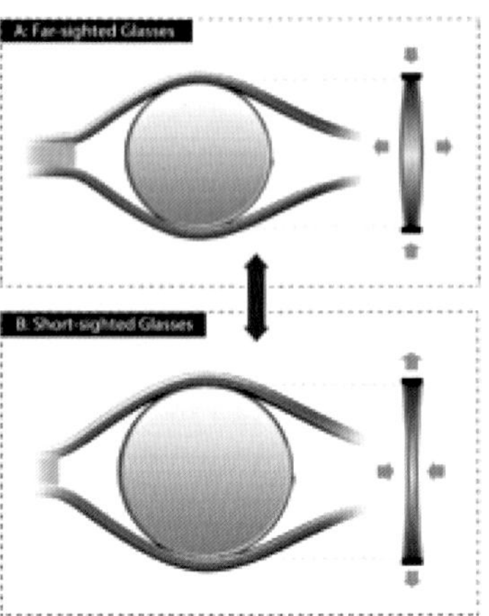

Problem

Changing of eyesight always happens to people who become middle-aged and old. One pair of glasses is not enough. It always cause inconvenience to bring both short-sighted and far-sighted glasses. Our glasses design could change the strength of lenses of the glasses easily.

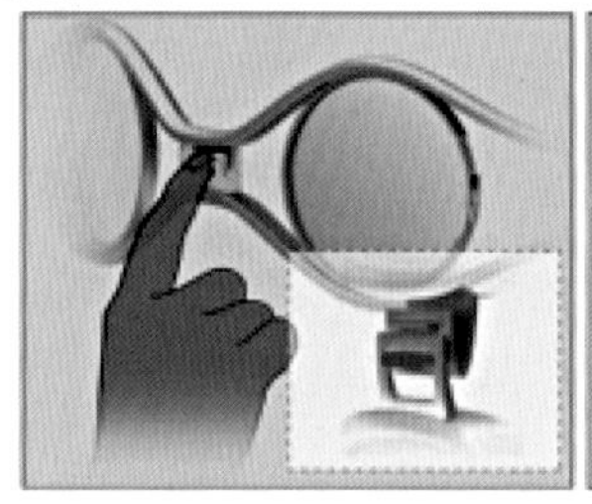

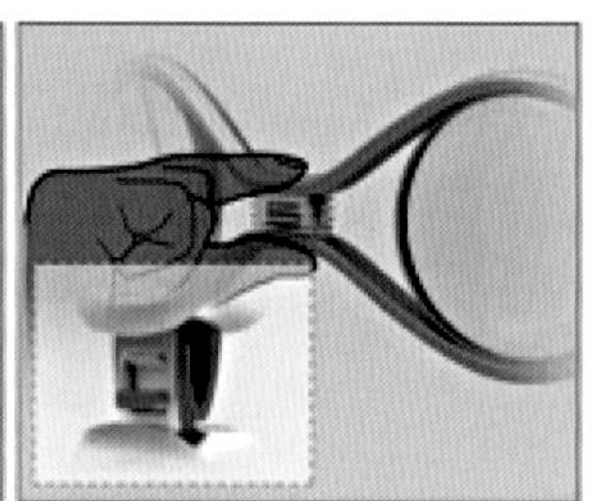

Converting between these two states is natural and easy-operating. Press on the middle of the frame can make it far-sighted glasses. And it will return to short-sighted glasses if press on the button in front of the frame instead.

都市鸟岛　海洋鸟岛

设计：邱松、王赫

展览：第二届艺术与科学国际作品展

都市鸟岛：由于人类对城市的过度开发，导致大批鸟类不得不迁徙他乡，即便能留守下来，仍须每日为生存而不断抗争。为了让都市中鸟类获得更多的生存空间，并能与人类和谐相处，同时也给都市环境增添新的生机，于是我们提出了“都市鸟岛”的设计概念。

“鸟岛”将被安置在公园、广场等公共环境中。她以“人造森林”为基本雏形，辅以供水、投食、喷药和调温等智能设施。“鸟岛”矗立于水池之中，其目的是为了将天上坠落的“鸟粪”变成水中的“鱼饵”，而水中的鱼虾则又能成为“鸟食”的补充，如此，便构筑成一个简单的生态系统。

海洋鸟岛：随着人类对海洋开发的力度不断加大，许多海鸟也逐渐失去自己的家园。由于近海被大量污染，加之人类的频繁活动，迫使海鸟不得不拥挤在远离海岸的狭小岛屿上，靠长途跋涉进行觅食。鸟是人类的朋友，拯救数量日渐稀少的海鸟将是我们义不容辞的责任。在海洋中构筑“人工鸟岛”的设计概念，其初衷也正源于此。

“鸟岛”由众多的单体通过软连接方式构筑而成，这样可确保随波漂浮。单体底部装有“金属槌”（配重）以防倾倒，而鸟巢则位于单体的顶部，通过独特的结构能有效地阻止海水倾入。

“鸟岛”将被锚固在远离海岸的海洋中，以便减少人类活动和近海污染对海鸟的影响。

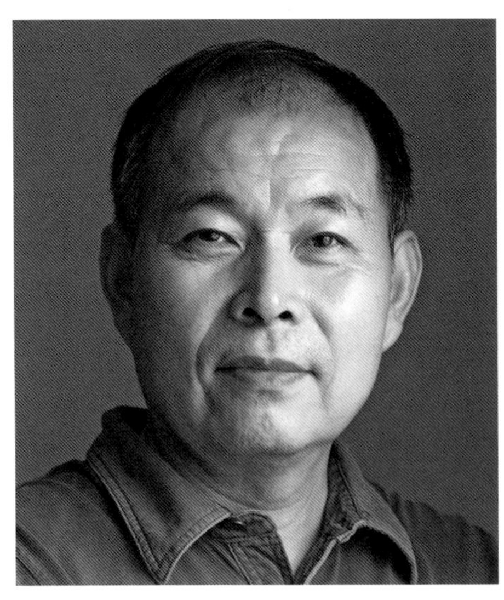

吴诗中

博士、副教授、高级工程师、博士后导师。
清华大学城市建设艺术设计研究所所长、展示艺术研究所常务副所长。
中国城市建设文化协会环境艺术委员会专家委员。
研究方向：信息化展示艺术设计研究、文化遗产保护传承与科技融合创新。
学术主张：展示行为能够展现最新理论思想、最新科学技术，最新创新成果，展示陈列是保护人类文化遗产，进行科技创新让文化遗产获得价值升华的重要手段；展示活动能产生巨大的经济效益，推动人类社会经济发展；展示行业同时也消耗大量的自然资源并产生大量垃圾对人类赖以生存的环境造成巨大影响。
信息时代的展示活动在人们的思想观念、审美标准、道德伦理、社会科学技术条件、社会生产加工能力等诸多方面发生了天翻地覆的变化。
信息时代的展示设计教育就是要以虚拟技术、交互技术、智能识别技术、动作捕捉、光电传感技术、网络技术等各种信息技术为依托，建立生态资源维护设计的新理念，保护和传承人类文化遗产，从而探索出适合信息化条件的展示教育新方法，构建一个全新的展示教育体系。

安源大罢工纪念馆序厅设计

设计：吴诗中

序厅设计重点：1922年9月14日的安源路矿工人大罢工是株萍铁路工人和安源煤矿工人联合举行的无产阶级革命运动，罢工在刘少奇、李立三等人领导下进行。序厅中间的主雕塑有两只手，一只手举着路灯，代表铁路工人；另一只手举着岩尖，代表煤矿工人。两只手被一块红色火苗包围，寓意星星之火可以燎原，背后是一块150m^{2}的浮雕《洪流》，寓意大革命时期工农群众组成的革命队伍如洪流滚滚，势不可挡。

郏县规划馆今日郏县展区设计

设计：吴诗中

本设计为今日郏县动态影像部分，螺旋上升的展台侧壁承载流动的影像，循环播放今日郏县的规划蓝图。天花上3000盏LED灯形成动态起伏视觉效果，与螺旋展台共同构成一幅绚丽夺目的画面。

付志勇

博士，副教授。

清华大学美术学院信息艺术设计系副主任，清华美院服务设计研究所所长。2006年教育部“新世纪优秀人才支持计划（NCET）”入选者，2008~2009年曾为美国卡耐基·梅隆大学设计学院访问学者。主要承担信息设计、交互设计、服务设计、社会创新与智慧城市研究领域的本科与研究生课程，清华大学创客空间协会的指导老师。承担完成多项纵向课题和海外合作项目，相关研究成果多次在重要的国际会议上发表。

社会化立方体：矩阵

设计：付志勇
2011北京国际设计周暨首届北京国际设计三年展。

立方体矩阵以物理方式演绎了社交网络的状况，每个立方体代表一种性格的人，依其性格与其他立方体互动。

城市信息流

设计：付志勇
第三届艺术与科学国际作品展

作品构建了一组传达城市信息的空间交互装置，结合多屏的叙事界面形态，呈现出网络时代城市的生态特征。

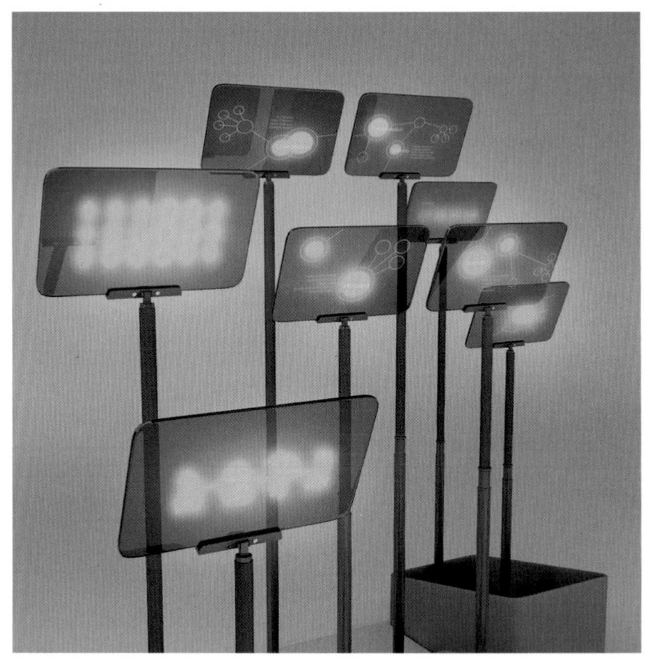

智慧城市作品集

设计：付志勇等
北京国际设计周“智慧城市2013”国际设计展

该组作品是指导研究生的教学成果，包含智慧城市的交通、环境、工作、医疗、娱乐及公共服务领域的产品与应用。

张　烈

副教授，清华大学美术学院交互媒体研究所所长。

国家社科基金项目交互设计学科发展现状及学科建设研究负责人。

住建部智慧城市国家标准编制专家组成员。

孤独症儿童多媒体感官康复训练合作研究室负责人。

主要研究方向为高铁动车车型设计研究、智慧空间及互联网创新产品开发、文化遗产数字化与展示科技研究。

设计作品获得过全国美术展览优秀奖、全国博物馆十大陈列展览精品奖、北京优秀工业设计银奖、中国国际室内设计双年展金奖等。

点对点快速轨道列车设计

设计：张烈、付志勇
时间：2004年
奖项：第十届全国美术作品展览 优秀奖

设计设想一种在未来大城市中以点对点模式运行的小型智能化轨道交通工具，满足快速、灵活、安全的出行要求。

高速磁悬浮列车概念设计2014

设计：张烈、李宁
时间：2014年

设计以夸张的造型，紧绷的、弹性的、冲突的系列线条，表现出如猛兽蓄势待发的力、速度和节奏的美。

吴 琼

清华大学美术学院 信息艺术设计系副教授。

2002年于清华大学美术学院工业设计系获硕士学位并留校任教，2004年于工业设计系在职攻博，2007年赴芬兰阿尔托大学媒体实验室访问，2009年于工业设计系获博士学位。

研究方向为交互设计和信息设计，在国内核心期刊和国际会议上发表论文十余篇。主持或主要参与了包括国家973计划项目，国家自然科学基金项目，国家社科基金项目，北京市社科研究项目等研究项目，以及与微软公司、波音公司，诺基亚公司，中国人民银行，教育部文献中心等重要设计实践项目。

沉睡的花

设计：吴琼
时间：2012年
作品类型：交互装置

第三届艺术与科学国际作品展参展作品。
“沉睡的花”利用光学原理形成裸眼三维的花朵影像。观众通过敲击的动作可以使得花瓣舒展开来，同时光晕发生变化。作品以一种超越真实世界的视觉感受和自然而简单的互动为观众提供了良好的体验。

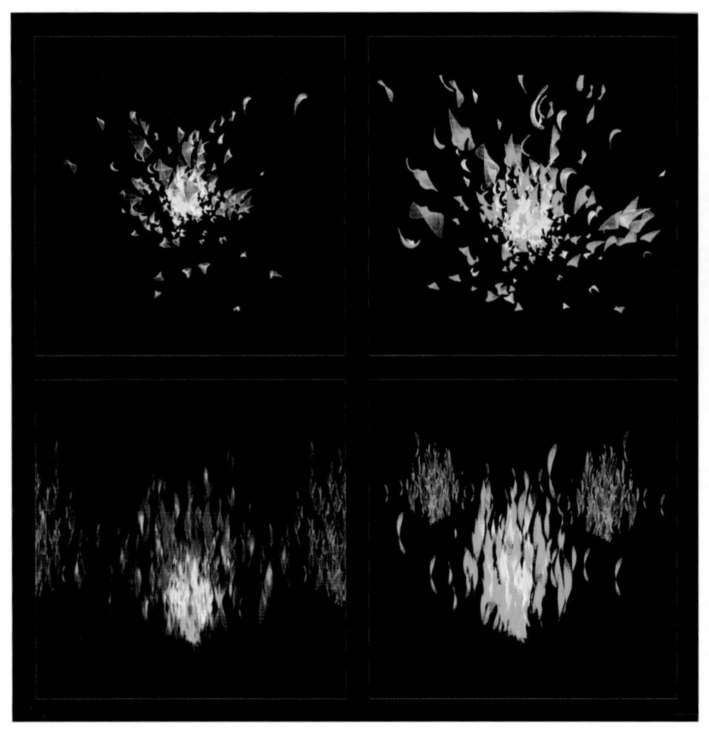

基于手机的博物馆导航系统设计

设计：吴琼
时间：2009年
作品类型：交互装置

第十一届全国美术展览参展作品。
“基于手机的博物馆导航系统设计”利用手机与博物馆内的大屏幕和显示装置进行交互，为博物馆的观众提供定制化的智能导航服务。

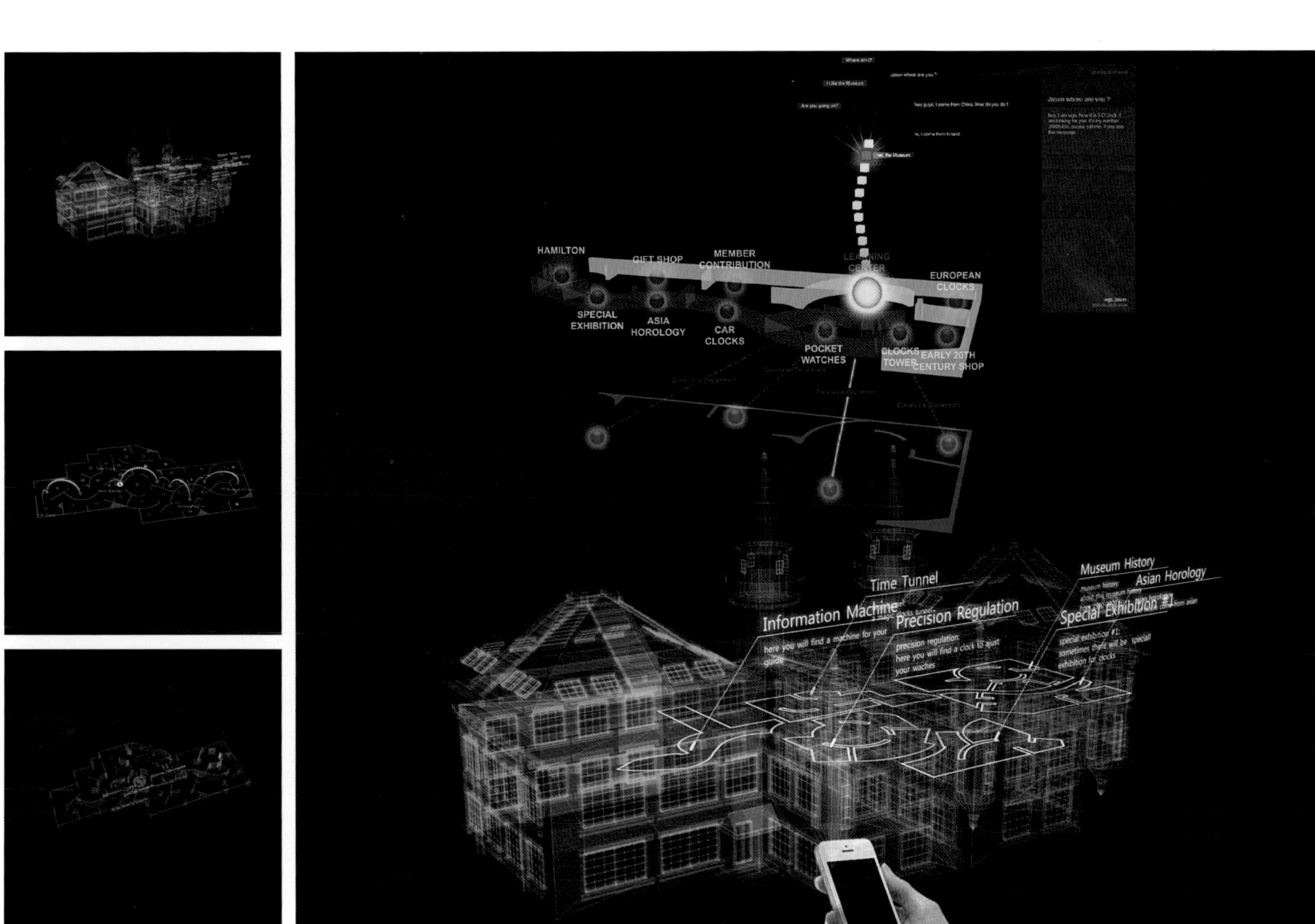

张茫茫

博士、清华大学美术学院副教授，硕士研究生导师。

1994~1998年，中央工艺美术学院工业设计系学士。
2000~2002年，日本神户艺术工科大学硕士。
2002~2005年，清华大学美术学院工业设计系。
2005年至今，清华大学美术学院信息艺术设计系。

中国工业设计协会，会员。
中国工艺美术学会，明式家具专业委员会会员。

2008北京奥运会、残奥会先进个人奖。
2013中国之星设计艺术大奖暨国家包装设计奖 优秀奖。
2014作品入选第十二届全国美术作品展览。

1 候车厅系列设计

设计：张茫茫
时间：2003~2006年

应广州交通委邀请，作为广州市新城市形象重点项目，获国家4项专利，在广东全省推广，并在包括天津市等全国多个城市得到应用。

2 中国通号企业形象

设计：张茫茫
时间：2007年

中国最大的轨道交通通信信息供应企业，国际化上市公司，项目包括从企业核心标志、园区视觉引导系统，到建筑外观设计。

3 合生创展高尔夫俱乐部形象设计

设计：张茫茫
时间：2013年
奖项：中国之星设计艺术大奖暨国家包装设计奖优秀奖

香港上市公司合生创展的娱乐部门整体形象设计，以高尔夫俱乐部为代表，突出高端的用户设定。

1

2

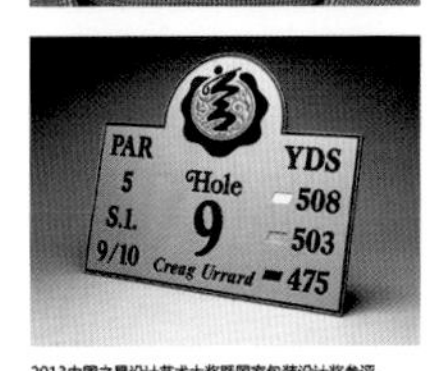

2013中国之星设计艺术大奖暨国家包装设计奖参评 清华大学美术学院 张茫

3

观念的践行者：清华大学美术学院工业设计系30年设计作品选集校友组

黄文宪

现任广西艺术学院建筑艺术学院院长　教授　硕士研究生导师

中国建筑学会室内设计分会常务理事，广西室内设计学会分会会长，广西建筑装饰协会副理事长，中国工艺美术学会雕塑委员会委员，中国美术家协会广西分会理事，广西大地水彩学会会员。

2004年获《全国有成就资深室内建筑师》荣誉称号。
2006年成为广西艺术学院艺术设计学科带头人。
2009年获中国地域文化精英设计师。
2010年获广西建筑装饰行业十大功勋人物称号。

《竹林七贤》家具系列造型设计

设计：广西艺术学院设计系　黄文宪　林燕
作品占有空间：全套共占空间为$40m^2$
　　　　　　　单体平均所占空间为$3m^2$

移动卫星电话是一款军用产品，在设计上充分考虑了用户在特殊环境下的使用需求，特别仔细地研究了移动卫星电话的整体产品环境，在实现防水、防滑等高性能指标要求的基础上，特别强化了作为装备产品同装备产品系统的一致性的设计。

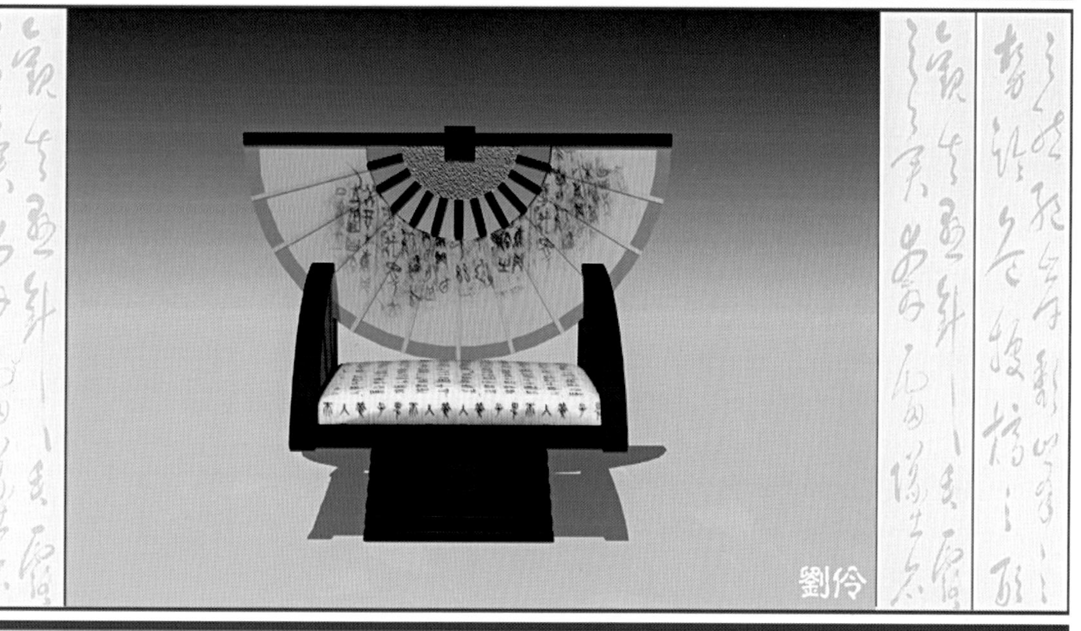

陈　敏

1959年生于西安，祖籍安徽。
1985年毕业于中央工艺美院环境艺术系。

1985~1993年执教于西安美术学院设计系，任西安美术学院环境教研室主任及西安美术学院雕塑艺术中心副总设计师。
1993年赴美国进行现代艺术及艺术教育考察。

当代著名画家、现代艺术策划及景观设计家。
西北农林科技大学艺术系教授、国际园林景观规划设计行业协会高级景观规划师、中国工艺美术学会会员，作品被国内知名艺术刊物报道介绍并刊登作品百余件次。

从历史走向未来　1993年（合作）

大型锻铜浮雕（长42m×1.2m）

中华人民共和国人民大会堂陕西厅（中国北京）

凝重且极具装饰性的浮雕绘就了史诗般的长卷。表现了三秦大地取得的累累成果，昭示黄土地上未来的辉煌。

秦颂　2011年（合作）

大型壁画（长40m×2.7m）

秦二世陵遗址公园（中国西安）

壁画充分展示秦文明在五千年中华历史文化中恢弘的历史地位，同时满足当代人文主义精神诉求。

汉赋　2013年

大型花岗岩浮雕（长55m×3m）

鹦鹉寺公园（陕西临潼）

在遵循传统文化元素构成形式的基础上加以重新组合和重构。力求影射传统文化的历史足迹。

惊世情缘　2010年（合作）

大型不锈钢浮雕（长270m×11m）

寒窑遗址公园（中国西安）

浮雕以中外经典爱情故事为题材，采用民族风格且极具装饰性的造型，让世人通过作品感受人类情感的交流。

邓承斌

1987年毕业于清华大学美术学院工业设计系。
深圳怡安科技机械有限公司合伙人，设计总监。
顶贺环境设计（深圳）有限公司合伙人，总经理，设计总监。
跨界多领域设计，多年从事工业设计、建筑设计、室内设计，作品多次获得国际、国内设计大奖。

何潇宁

1990年毕业于清华大学美术学院工业设计系。
1995年硕士毕业于东京艺术大学环境设计系
深圳怡安科技机械有限公司设计顾问。
顶贺环境设计（深圳）有限公司董事长。
亚太酒店设计协会副秘书长
多年从事工业设计、室内设计，作品多次获得国际、国内设计大奖。

尖刀军用全地形车

设　计：邓承斌、何潇宁
制造商：深圳怡安科技机械有限公司

尖刀军用全地形车目前已小批量试装用于部队，用于边境巡逻、处置突发事件、野外救援、抢险救灾等方面，目前使用状况良好，广受部队官兵好评。

本车特点：1. 采用全地形车中级中罕见的四缸汽车发动机，动力强劲；
2. 采用分时四驱系统，并装备后差速锁，越野和脱困能力强；
3. 车架采用优质无缝钢管整体焊接，强度高，驾乘安全；
4. 优化结构设计，装载能力较强。

朱钟炎

同济大学建筑与城市规划学院/ 设计创意学院 教授 博士生导师。
中国美术学院上海设计学院等十多所院校 客座兼职教授。
世界著名设计集团 GK设计（上海）公司 顾问。
中国工业设计协会专家库专家、上海工业设计协会常务理事。
“影响上海设计的100位设计师”称号。
上海世博会项目评审专家委员。
中国创新设计红星奖评委。
2013年度中国工业设计十佳教育工作者。

设计作品获札幌国际设计大奖赛入赏（日），RED DOT红点奖（德），上海国际工业博览会设计优秀奖，《中国之星》设计优秀奖，为2010上海世博会设计作出积极贡献荣誉证书等国内外奖项。

2011守望干将

设计：朱钟炎
时间：2011年

公共设计(苏州干将路）——2011守望干将。重构传统元素，融入当代科技，为干将路增添新活力。具有园林外移的特色，属苏州特有的城市道路景观。

苏州干将路整治工程～环境与街具设计
公交站台

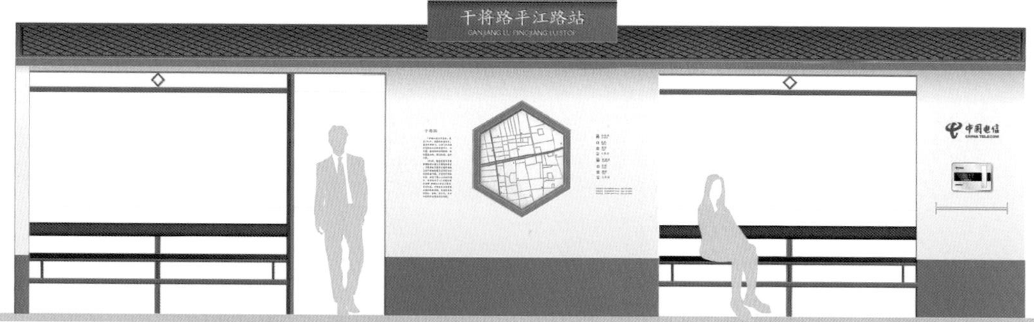

金慧建

副教授　硕士生导师

1963年生于江苏省苏州市。
1982年毕业于江苏省苏州工艺美术学校，同年留校任教。
1989年毕业于中央工艺美术学院工业设计系，获学士学位。
1998年毕业于中央工艺美术学院工业设计系，获硕士学位。读研期间师从柳冠中教授学习“系统设计应用研究”。
1998年至今任教于北京服装学院艺术设计学院工业设计专业。
1984年赴浙江美术学院工艺系进修，2008年赴中央美术学院设计学院访问学者。
1988年加入中国工业设计协会。

小夜灯

设计：金慧建
时间：1998年

此产品是在学校毕业后不久设计的，已有十多年。虽然企业不断有新产品推出，但这款小夜灯至今依然在生产和外销。它主要采用LED光源，因此耗电极少，可通宵使用。产品整个造型和细节都努力按照专业所学的知识进行表达，得到了企业的好评。

池 泓

1993年毕业于中央工艺美术学院工业设计系。
2006年香港大学IMC专业硕士。
1997年创办北京天鼎合壹品牌设计公司。
2010年创办快乐星辰（北京）文化传播公司。
历任清华大学美术学院品牌传播设计研究所品牌规划总监、中央美术学院城市设计学院（ACAA）客座教授、中国艺术设计联盟特邀专家。
北京国际电影节“天坛奖”奖杯主创、北京国际设计周“饰品设计汇”组委会主任。
香港大学北京校友会会长。
2009年获得北京市文化创意产业“108将”称号。

“天坛奖”奖杯

设计：池泓
时间：2012年

北京国际电影节“天坛奖”奖杯创意设计及奖杯制作。

北京国际电影节整体环境宣传

设计：池泓
时间：2011年 / 2012年 / 2013年 / 2014年

第一、二、三、四届北京国际电影节标志、官方海报、活动事物用品、环境布置等整体视觉传达规划设计。

北京国际电影节
BEIJING INTERNATIONAL FILM FESTIVAL

龚冯友

1973年7月生于北京。

标致雪铁龙集团亚洲研发中心、标致品牌首席设计师。

1996年浙江大学工业设计专业本科毕业，同年考入中央工艺美术学院工业设计系硕士研究生，师从鲁晓波教授。1999年获硕士学位并留校任教。2001至2004年期间，就读于德国弗茨海姆造型艺术学院（HFG-Pforzheim）汽车设计专业，获汽车设计硕士学位。

2004年12月由德国HYMER AG设计中心转入法国PSA标致雪铁龙集团设计中心任创意设计师，2008年任高级设计师。同年被派往PSA集团中国设计研发中心工作。2011年起任PSA标致雪铁龙集团亚洲研发中心标致品牌首席设计师，标致项目负责人。

主持和负责的概念车及量产车项目对于标致品牌在中国市场的高速拓展和提升品牌文化在中国市场的再融入具有深远的影响。在目前已发布的概念车和已上市的量产车中，颇具代表性的有：
标致 SXC concept，2011上海车展。
标致 Urban Cross Concept（Peugeot 2008 概念车），2012 北京车展。
标致 308 sedan，2011上市。
标致 3008 Chinese version，2013上市。
标致 新408，2014年上市。

全新标致408

设计：龚冯友
客户：标致

新一代标致408是标致品牌在中国产品“升蓝计划”中一款重要车型，新408不仅是基于全新技术平台打造，创下了国内中级车市场的多个技术“领先”，将推动中级车市场技术标准的全面升级。而且在造型上代表了新一代标致设计语言的全面进化：整体更加优雅和谐，细节更加精致有质感，全新408也是标致全球产品中第一款佩戴站立狮标的车型（其也是标致中高档产品线的代表特征）。新一代408继续传承标致125年“严谨、激情、致雅”的品牌内涵和造车理念，开创了国内中级车的新纪元。

标致SXC概念车

设计：龚冯友
客户：标致

标致SXC概念车是法国标致汽车120年来首次在欧洲之外进行全球概念车首发，同时也是第一辆由PSA中国研发中心标致设计团队倾力打造的概念车作品。S代表标致上海造型设计团队，X代表项目的“cross over”跨界属性，C代表项目的概念性。SXC概念车诠释了作为法系汽车品牌核心代表对运动跨界车型的特有的定位和思考，融入了标致品牌内涵中特有的优雅与矫健，激情与动感。预示了标致品牌在未来推出系列高端运动跨界车的产品远景规划。

标致UCC概念车（Urban Cross Concept）

设计：龚冯友
客户：标致

标致Urban Cross Concept不再是传统意义的前瞻概念车，而是以量产为设计标准的量产车雏形，预示标致全面进军城市跨界车领域的决心。标致UCC概念车基于PSA小型车平台EMP1，属于标致208家族。整体造型完美融合了力量、灵动、魅惑等特质于一体，非常规的阶梯式车顶既赋予了后排头部空间的需要，又赋予了整车独特的站姿。犀利且饱满的家族式前脸，极具视觉冲击力的狮爪尾灯，以及和车身整体浑然天成的行李架都承载着标致品牌全新的设计DNA。
标致UCC概念车是紧凑型SUV标致2008的概念版本。

白 藕

1998年，毕业于中央工艺美术学院工业设计系。

1998~2001年，任职于北京经纬工业设计有限公司设计师
2001~2002年，北京依格赛博展览展示有限公司副总经理兼设计总监
2002~2009年，筑景空间（北京）建筑咨询顾问有限公司副总经理兼设计总监
2009年至今中国国家博物馆 产品设计部经理兼设计总监

灵龙香台

设计：白藕
时间：2014年

香文化在中国有着几千年的历史，龙在中国文化中有着重要的地位，在这组香文化作品中，将龙与香结合在一起。设计灵感来自于刘禹锡的著名诗句“山不在高有仙则名，水不在深有龙则灵”。作品选择了有着中华第一龙的美誉的“红山玉龙”形象作为主要造型，利用玉龙简洁的造型，分别设计了长、圆两种形式的香台。圆形香台为内置燃香器，燃香时，香烟从龙口中冉冉升腾，简洁而优雅；长形香台为外置燃香器，香衔于龙口中，香在燃烧时香灰自然洒落在波浪形的平台上，浪峰不积灰，香灰留于浪谷，由此象征着人生的起起伏伏。

周 茜

1994~1998年毕业于清华大学工业设计系，获学士学位。1998至今就职于北京联合大学师范学院艺术设计系产品设计专业。

奖项及研究：

《古建彩绘U盘》获“全国博物馆文化产品创意设计推介活动”铜奖。

《喜·合髻》获“全国博物馆文化产品创意设计推介活动”提名奖。

《中国美术教师作品年鉴·2009》，副主编，华夏文艺出版社。

作品深圳30周年系列荣获年度金奖。

《中国元素·图形》作品荣获深圳第五届平面包装设计金奖，《中国元素·文字》荣获银奖。

《和谐中国——长城篇》作品荣获“和谐中国”中国公益设计大赛三等奖。

《不公款大吃大喝》荣获《第四届中国高校美术作品学年展》三等奖。

《关于传统工艺文化产品“同质化”的探讨》发表于《北京工艺美术学术研讨会论文集》。

《艺术的生命精神——京作家具的传承与创新》发表于《北京手工艺研究文集》。

古建彩绘U盘

设计：周茜
时间：2012年
奖项：全国博物馆文化产品创意设计推介活动 铜奖

运用中国传统建筑彩绘元素，突出彩绘靓丽的色彩装饰效果。U盘作为数码科技时代的存储产品，记录了人类的文化与文明，与古代建筑储藏书籍，传承文化的功能有类似之处。并且U盘作为现代办公必需品已被大众所接受，群众基础良好，属于大众化实用性产品，选择U盘作为文化载体，即能回味悠久的历史传统，又具备实用功能，使现代人在生活中自然融入传统文化。故宫作为国内一流的旅游景点，旅游性消费者占绝大多数，消费者通常会选择较为便宜，便于携带，有景点特色的纪念品。此系列U盘产品在设计上满足了以上基本需求，并且可以在U盘生产时固化景点介绍、图片、文字、音乐等数字信息，使产品具有极强的专属性及宣传性，满足消费者“把博物馆带回家”的心理需求。工艺制作要求：外壳为PVC或硅胶或ABS塑料。芯片：三星8G、16G。配件：合金、吊绳。

胡　辉

1999年毕业于中央工艺美术学院工业设计系。

国家一级(高级)工业设计师。
广东省职业技能鉴定中心专家。

先后任创维集团研发中心、深圳本诺俊彩工业设计有限公司、宇龙计算机通信科技（深圳）有限公司创新中心、金三立视频科技（深圳）有限公司企业设计总顾问；广东工业设计培训学院专业负责人。
十五年产品设计与管理经验。成功设计出上千款上市产品，项目涉及核电、医疗、家电、安防、电子、机械装备、教育等行业，积累了丰富的行业、专业知识和项目管理经验。

ZL26滤棒成型机组

设计：胡辉
客户：中烟机械常德烟草机械有限责任公司
时间：2009年

ZL26A型滤棒成型机组是常德烟草机械有限责任公司通过对在烟厂使用过程中存在的各种问题并反复研究国外新一代滤棒成型机组最新技术的基础上自主开发、研制的新型滤棒成型机组。

整机设备采用全机密闭型设计，达到很好的降噪效果，噪声≤85db(A)，达到国际品牌的水准，采用独立驱动，提高了传动精度和速度，生产速度达到6000支/min，达到了国内领先水平。

整机设备采用电控柜集成，使占地更小，比以往的产品相比缩小了30%。

完整的水冷却系统，电控柜、风机、主电机等全部采用水冷，故障率降低了20%。

可选用在线检测及反馈控制系统，根据检测结果自动调整机器运行参数，维护成本和时间都大幅度降低。

郑 阳

2000年毕业于清华大学美术学院工业设计系。
就职于北京科技大学任教并创建工业设计系，现任系副主任，副教授、研究生导师。

社会职务：中国工艺美术协会、中国国际剪纸协会、亚洲艺术科学学会、有形无限产品设计公司顾问。

在多年设计教学工作之余，积极投身设计项目实践，在文化创意产品与传统民间工艺延展设计领域深入研究并建立明确教学方向。

第十六届亚运会火炬

设计：郑阳
客户：广州亚组委
时间：2010年

2010第十六届亚运会火炬及配套设施设计，由本人作为主创设计师的北科大团队受邀广州亚组委参加火炬公开竞标并胜出。

2010第十六届亚运会火炬及配套设施

李　健

2001年本科毕业于清华大学美术学院工业设计系。

2001年赴北京工艺美校（现北京工业大学艺术设计学院工业系），任教至今。
2008~2011年于清华大学美术学院工业设计系获得艺术硕士学位。
2012年在蔡军教授设计管理研究所兼职设计经理。
本人工作期间参与大量设计实践工作，并取得较好成绩。

运动踏板电动自行车

设计：李健、蔡军、唐裔隆
时间：2012年
奖项：2014年第十二届全国美展入选参展作品

本项目为蔡军教授设计管理研究所与香港公司的实际项目，实现了产品创新性的突破。
唐博士拥有驱动原理的全球结构发明专利。

奥运广场景观大道休闲亭（设施）设计

设计：李健

时间：2007年

奖项：第11届全国美术作品展览艺术设计（工业设计）作品

本设计位于奥运景观大道南端，整合多种人性化功能，供游人休憩；其造型语言力求与奥运景观兼容，并形成自身特色。

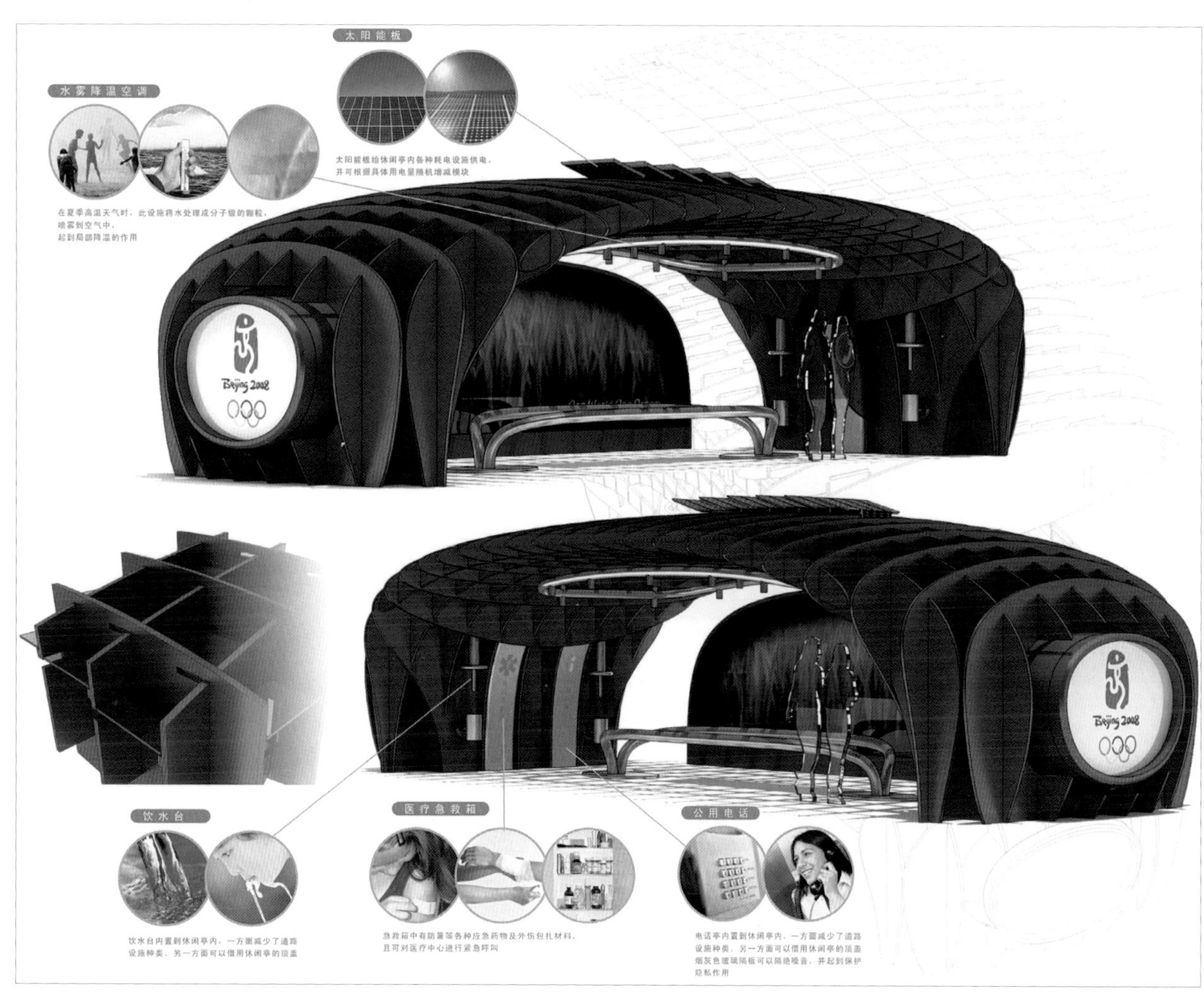

防灾减灾无人驾驶飞机

设计：李健、刘洋
时间：2010年
奖项：2012年荣获工业和信息化部颁发的中国优秀工业设计金奖

本设计是艺术设计与工程制造的一次深入结合，其量产方案参与了国内西南地区自然灾害的防灾减灾工作，并作出了突出贡献。

Aerial Photography-
UnmannedAerialVehicle
IDEAS DESIGN co.,Ltd.Beijing
www.ideas-design.com.cn
Lijandesign

孙 进

1977年生于黑龙江省齐齐哈尔市。

1997年考入中央工艺美术学院工业设计系。

2001年毕业于清华大学美术学院工业设计系，获学士学位。

毕业设计入选《艺术与科学国际作品展》。

2001~2006年任国家安监总局宣教中心美术设计，从事展览特装设计、平面设计、环境设计工作。

中国煤矿美协会员。

2006至今因喝茶而着迷于中国传统文化，国画、书法、篆刻、宜兴紫砂、景德镇陶瓷等领域均有涉猎。

造型基础设计

设计：孙进

1. 造型基础设计-造山运动：大地的皮肤，地壳褶皱，遵循一种有机的演变规律，形成山脉和峡谷，高低参差造势，使人心胸广阔，俯仰天地（2012~2014年）。
2. 造型基础设计-传统瓶花：插花，选取自然植物，进行组合再创造，追求和谐的造型韵律（2014年）。

张 帆

1975年出生，清华大学美术学院硕士研究生毕业。

现任广汽集团汽车工程研究院造型设计首席总师，兼任概念与造型设计部部长。

1999~2002年在清华大学美术学院工业设计系攻读硕士学位，师从柳冠中教授。毕业后，即被德国戴姆勒汽车公司梅赛德斯-奔驰设计中心雇佣，在奔驰汽车设计一线工作8年多，参与了奔驰旗下众多量产和概念车型的设计工作。是奔驰新一代SL（R231）跑车和Concept A-Class车型外造型主设计师，以及新一代A-Class量产车和SLK（R172）跑车外造型的设计师。

自2011年6月起，正式受雇于广汽集团汽车工程研究院任造型总设计师，负责广汽集团旗下自主品牌车型的所有量产车与概念车的造型设计工作。目前已带领团队完成E-Linker、E-Jet、Witstar、GA6 Concept等多款概念车作品，并为广汽传祺发展了全新的家族形象“凌云翼Flying Dynamics”，所带领设计的传祺新一代量产车型将于2014年起逐步面市。

奔驰新一代SL跑车

设计：张帆等
时间：2012年

奔驰新一代SL跑车（内部代号R231）是我作为外造型主设计师完成的作品，已于2012年上市。

奔驰Concept Class 概念车

设计：张帆等

时间：2011年

作为外造型主设计师完成的奔驰Concept A Class概念车，于2011年上海国际车展全球首发。我创造的星点状的格栅首次露面，并引领了之后新一代奔驰车型精品前格栅的设计。

广汽传祺GA6概念车

设计：张帆
时间：2014年

广汽传祺GA6概念车于2014年北京国际车展全球首发。其搭载的“凌云翼”前脸设计开启了传祺车型家族的全新形象。

时晓曦

设计事务所 2–LA Design 联合创始人，设计总监。时尚品牌Q联合创始人。

出生于新疆乌鲁木齐，2004毕业于清华大学美术学院，目前居住在美国洛杉矶，领导设计的产品及家具产品在全球销量过亿，并获得多项世界设计重要奖项包括 IDEA Gold，ICFF Studio。

曾供职于诺基亚北京以及北美设计中心，领导设计了多款明星产品，包括手机历史销量全球第3和第9的诺基亚1200，1208。诺基亚5000，诺基亚Lumia 2520 等。

设计并开发的X–plus模块化多功能家具，获邀在米兰，纽约，巴黎展出。

X–plus

设计：时晓曦

X–plus表达了功能性艺术的概念，一件具有结构美感的雕塑，设计思路利用三角形的结构特性和金属的材料特点，使用平面切割和弯折的简单步骤创造出独特的视觉体验，并提出模组化，多元化的使用体验，让用户可以用同样的多个单体组合出满足不同需要的家具。

X–plus的独特设计在空间内具有多种功能性，桌、茶几、货架……作品本身没有功能上的具体定义，使用者可以完全以自己的喜好和空间可能去组合和发现。

X–plus 获得了2011red dot design award以及 2012 ICFF studio award，在2012~2013年获邀在全球展出，包括米兰家具展，纽约国际家具设计展，法国Generation Design全法巡展，并作为ELLE DECO 25周年庆典全球30件受邀作品之一。

王卓然

上海师范大学美术学院设计系 专业教师。

上海工业设计协会青年设计师委员会 副秘书长。

2004年毕业于清华大学美术学院工业设计系，获学士学位。

2009年毕业于清华大学美术学院工业设计系，获硕士学位，毕业设计获优秀毕业作品奖。

2011~2012年中央美术学院设计学院 访问学者。

2014年初至今于加拿大蒙特利尔进行访学交流。

防腐·面

设计：王卓然
时间：2012年
作品参展：2012年参加《晒上海》概念设计展
　　　　　2012年入选首届中国设计大展，并被收藏

《防腐·面》是选用各种不同型号的不锈钢丝，通过磨具挤压成型等制作工艺，制成我们熟悉的杯装方便面饼的形状，设计上具有装饰性和使用功能。更重要的是，该设计表达了在食用添加剂、防腐剂超标使用且大行其道之时，人们所接受的油炸方便食品的保质期可以不断延长，以至于“不朽”的概念。这一反讽式的概念表达，意在呼吁食品生产企业应坚守社会责任与道德观念，树立起真正的中国企业精神。

苗 维

1982年9月生于呼和浩特。

阿尔特汽车技术股份有限公司高级设计师、造型项目经理。

2005年毕业于清华大学美术学院工业设计系交通工具设计专业，同年进入上海同济同捷科技有限公司工作。2006~2007年间被派驻长城汽车公司，参与了长城初期的系列乘用车开发。2007年加入阿尔特汽车技术股份有限公司。

江铃凯锐800内饰设计

设计：苗维
时间：2009年

凯锐的内饰设计，是国内轻卡内饰设计中较早的重视人性化功能设计的。仪表板左右两端的杯托设计是整个内饰的亮点，不仅造型和谐统一，并皆具有可开闭的冷藏功能。整体内饰大量增加人性化功能的同时，内销的左舵版和出口的右舵版本实现了大量零部件的共用，降低了成本。

南京依维柯超越系列轻卡内饰设计

设计：苗维
时间：2011年

超越系列有从轻卡到重卡的多个车型，驾驶室的宽都和长度都有变化。内饰设计方面的最大诉求一是简介、功能化，二是模块化、通用化。而对于系列轻卡内饰最大的难点是同一个造型很难完美适应每个宽度的车型。最后的方案采用将仪表台分成左右两个模块化本体，各设计两个宽度，并配合座位的变化组合出包含3种车宽的8个车型的内饰，并且每个车型的内饰在造型比例方面都非常的和谐。

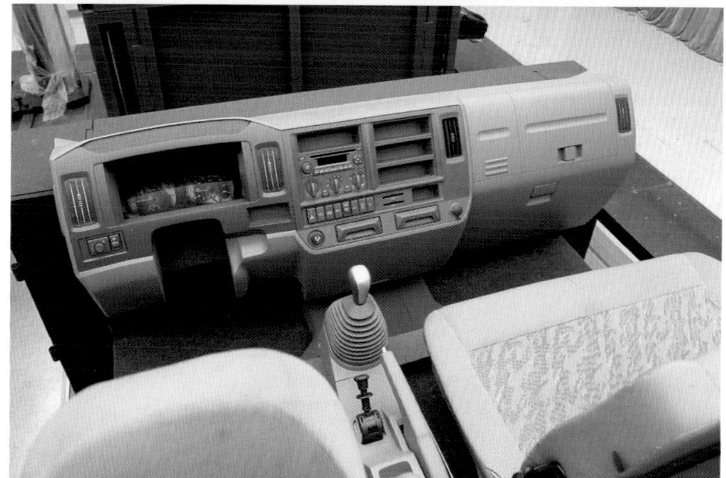

一汽通用S230轻卡内饰设计

设计：苗维
时间：2012年

S230的内饰设计，大量的引入了乘用车的设计语言，在保证实用性的同时，更加注重细节的处理。相对传统的轻卡车型硬朗方正的内饰造型，S230的内饰给用户的感觉是更加的柔和，强调家居的舒适感和适当点缀的精致感。

张自然

2005年清华大学美术学院工业设计系交通工具设计专业研究生毕业，师从严扬教授。

2006年1月~2007年12月，日本三菱汽车总部冈崎设计中心设计师。

2008年1月~2008年8月，日本三菱汽车东京设计中心设计师。

2008年8月~2010年2月，PSA标致雪铁龙上海设计中心创意设计师。

2010年2月至今梅赛德斯-奔驰中国设计中心设计师。

曾就职于日本、法国、德国的三家著名车企，参与过从概念到量产各个阶段多个项目的汽车设计工作。主要参与完成的设计作品包括2010年SMART E-Scooter概念设计，2011年戴姆勒\比亚迪合资公司全新电动车品牌DENZA首款量产车型的内外饰设计以及2012年北京车展DENZA概念车外饰设计和车展品牌形象展示设计，此款概念车设计获得了2012年中国最成功设计奖。

全新电动车品牌DENZA概念及量产项目

设计：张自然
客户：DENZA
时间：2012年

作为中国首个专注于新能源汽车的品牌，并继承了戴姆勒百年造车经验、尖端安全技术和比亚迪在电池、电机、电控领域的领先科技，DENZA腾势的第一款纯电动汽车的概念车型于2012年北京车展发表，量产车型在2014年北京车展进行了全球首发。

DENZA腾势外观优雅动感，又不失低调奢华。车身独特的蓝色源自品牌标志，形成雅致中蕴含动感的强烈视觉冲击。前大灯和栅格被整合为一体，滑盖式车标下是充电插槽，简明高效，细长的LED前灯极具高科技感。车身多处镀铬装饰，提升车体动感，镀铬门槛的设计灵感来自于自身电池箱的布局形态。与外观相得益彰的是高舒适度、高科技装备完善的车内设计。仪表板的设计运用了外饰中已经体现的镀铬特征，强化了风格的整体性。内饰主色调的灵感源自中国传统豪宅砖石的灰色，营造出历史韵味浓厚的优雅气质，而后排空间更是被设计成了座椅可大角度斜放、配有可折叠式扶手和腿托的非常舒适的休息空间。多处丰富的配置与精致的细节，印证了DENZA腾势卓越的设计理念。

邹志丹

2003年~2007年，清华美院工业设计系，学士学位。
2007年~2009年，清华美院工业设计系，硕士学位。
2009年至今，就职于惠普信息技术研发上海有限公司，工业设计师。主要从事惠普DeskJet，Photosmart，Office Jet打印机造型设计。公司首位工业设计师。
2010年，获惠普Wright Award奖，对ENVY 100超薄高端打印机的造型设计作出了杰出贡献。

HP Photosmart 6510

设计：邹志丹
时间：2010年

HP Photosmart 6510 All-in-One printer，2010年设计，2012年上市，集打印，复印，扫描，照片云打印多功能一体机，大屏幕触控操作。产品设计充分考虑到产品的高端属性，分形线设计很隐蔽。

HP Deskjet 1010

设计：邹志丹等
时间：2011年

HP Deskjet 1010 printer，是一款单功能打印机，小巧便捷，经济实惠，2011年参与设计，2013年上市。

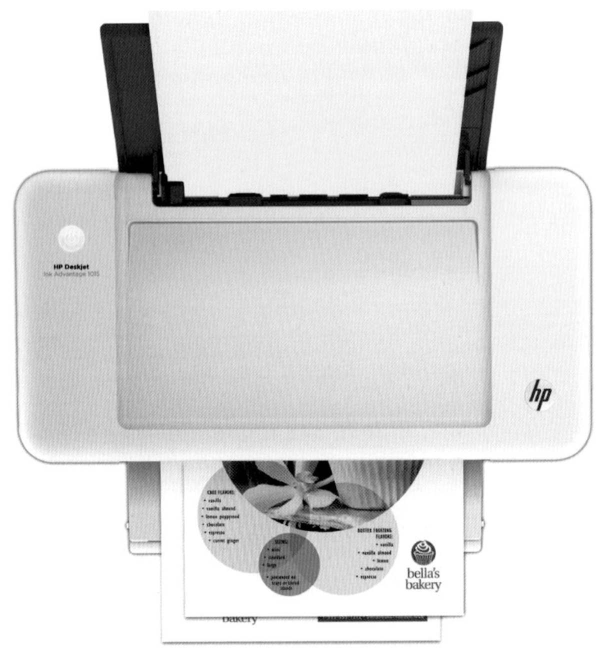

张春磊

2008年毕业于清华大学美术学院工业设计系。
2008~2010年，上海汽车集团股份有限公司技术中心。
2010至今，日产中国设计中心。
参与了多款量产车的开发，拥有内外饰开发的经验。

MG zero概念车

设计：张春磊
时间：2009年8月

MG zero概念车2009年8月在上海开始进行设计，2010年北京车展推出。MG是一个具有悠久历史的运动汽车品牌。MG ZERO被定义为针对全球市场消费者，诠释充满活力和个性的青年一代需求的一款A0级轿车。内饰的设计上强调萦绕驾驶员的操控趣味感（driver-orientated），未来感和高科技感。设计师的灵感来源于战斗机的驾驶室，设计师试图通过内饰设计营造一种操控一部属于个人的高性能装备穿梭于都市的氛围。

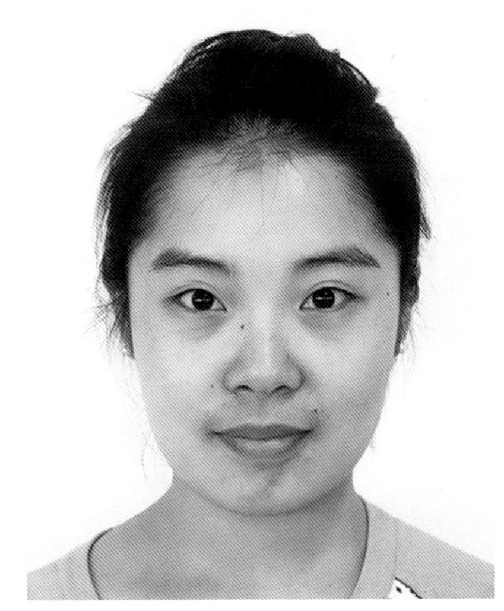

陈梓盈

辽宁大连人

2008年毕业于清华大学美术学院工业系交通工具造型设计班。

2008年8月~2010年3月，简式设计。

2013年3月至今，阿尔特汽车技术股份有限公司。

参与设计了包括全新开发和年度改型的几十款车型，对国内汽车市场有一定的理解。

多款车型在车展上展出，即将量产。

帝豪 CROSS

设计：陈梓盈
客户：吉利汽车
时间：2014年

帝豪CROSS预示着吉利汽车未来的设计风格和走向，其中吉利最新的涟漪式中网设计也出现在该车中，并且跨界车的定位让车身看上去更加动感。

众泰 Z500

设计：陈梓盈
客户：众泰
时间：2014年

众泰Z500延续了众泰家族式设计风格，该车朴素的线条勾勒出前脸和尾部层次感十足的造型。众泰Z500外形看起来非常敦实，深色蜂窝状前进气格栅内搭配两条横幅镀铬的装饰条，与菱形前大灯搭配在一起更显运动。车身侧面的效果简洁流畅，前后车窗还采用了银色装饰条点缀。此外，该车尾灯还采用了全新梭形的LED尾灯设计，将于近期上市。

汤震启

籍贯广州。
毕业于北京邮电大学，获工科学士，后就读清华大学美术学院，师从柳冠中教授，并于2008年获设计艺术学硕士研究生学位。

2008年毕业后加入三星电子中国设计研究所，从事工业设计师一职，负责与韩国本社设计师合作开发中国市场的手机设计工作。2010~2011年，工作调派至首尔江南本部，即三星设计中心，并在无线事业部从事手机产品的工业设计工作，有幸成为首位在三星电子无线事业部本社工作的中国设计师。

2013年加入华为技术有限公司，全面参与到公司终端产品的品牌建设及设计规划，目前主要负责华为及其附属品牌荣耀旗下的手机、附件等产品研发和设计工作。

Samsung Computer mointor

设计：汤震启
客户：Samsung

A story talking about how design from an simple idea to final product.

The product background was Samsung computer monitor group planned to launch a new generation of displays for internet cafe to China market. The model shared the same LCD pannel with others in product line, and we had to design a completely new base as differetiation.

During ideation, the most challenging issue for product design was how can we find out the correct design points for both our product and the certain Chinese users who surfing websites in internet cafes.

Fortunately, we had found something that really appropriated to design as the traditional calligraphy can best explain Chinese spirits and philosophy, both model and pass.

Chinese calligraphy used to be the best and only way to communicate between people and monitor for Internet cafe as well. Thus we tried to combine this element into our new design.

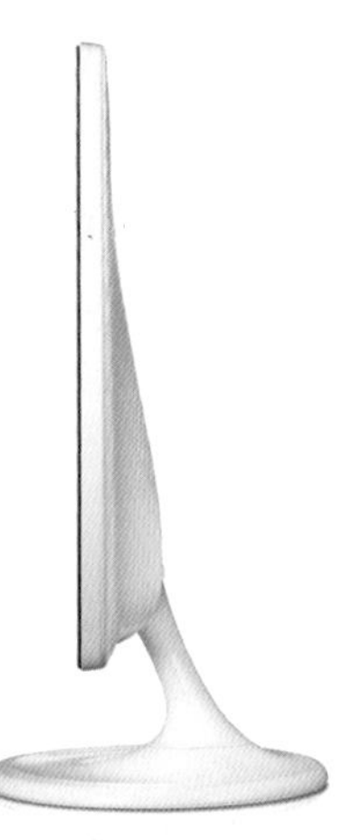

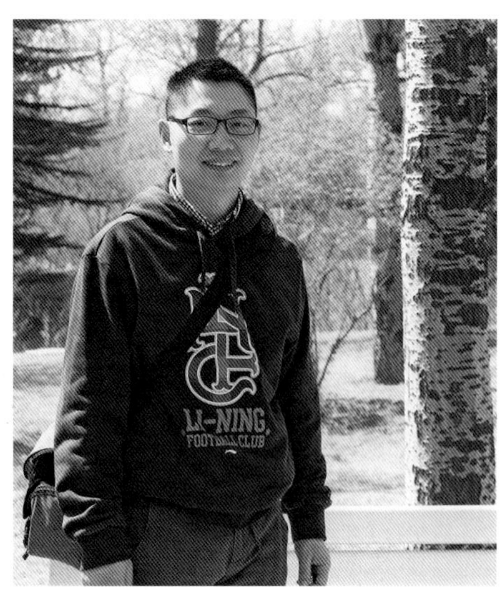

余森林

1980年9月出生。
2003年6月毕业于武汉理工大学艺术与设计学院，获工业设计学士。
2006年6月毕业于武汉理工大学艺术与设计学院，获工业设计方向硕士。
2006年9月~2009年7月，就读于清华大学美术学院工业设计系，获设计学博士。
2009年7月~2013年7月，任职北京市属高校北方工业大学艺术学院工业设计系教师。
2013年7月至今，任职湖北工业大学艺术设计学院产品设计系教师。

DIY 坐&躺椅系列设计

设计：余森林
时间：2004年
奖项：深圳第六届家具设计大赛一等奖

人坐累了就想躺着休息，本设计同时解决了“坐”和“躺”的问题，既有DIY 的乐趣，又节约了空间。

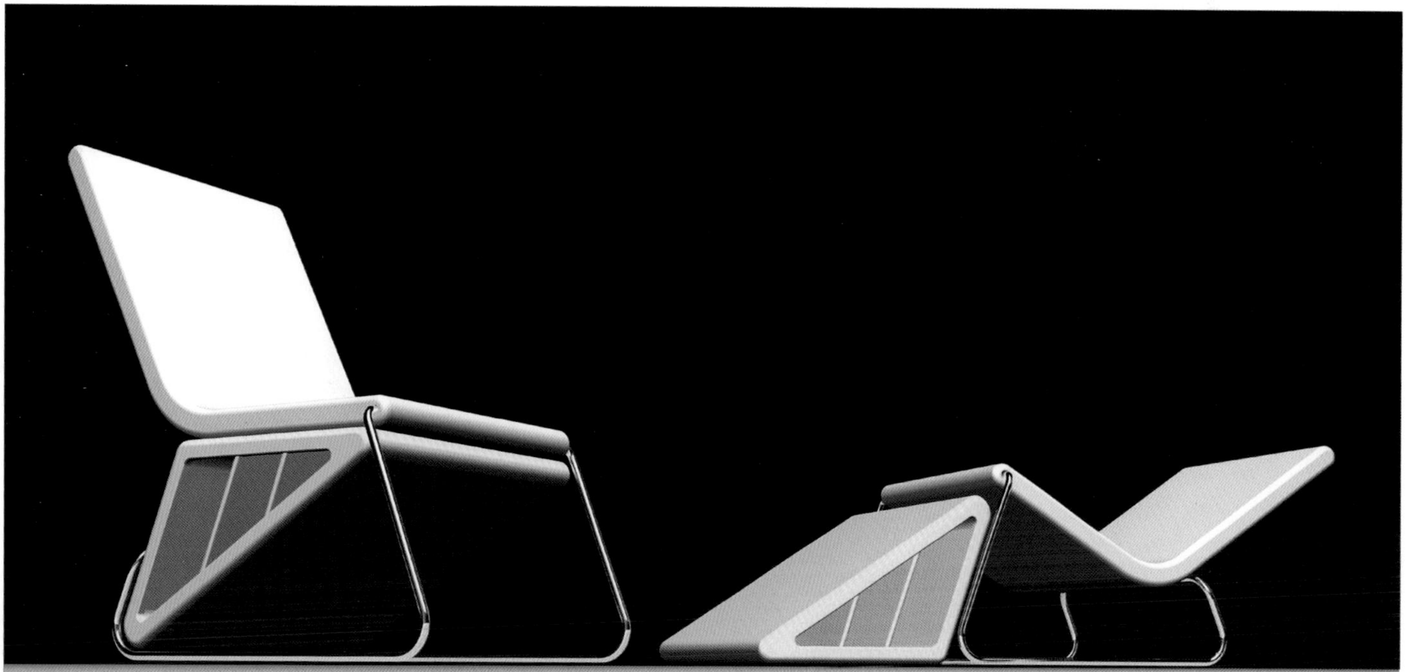

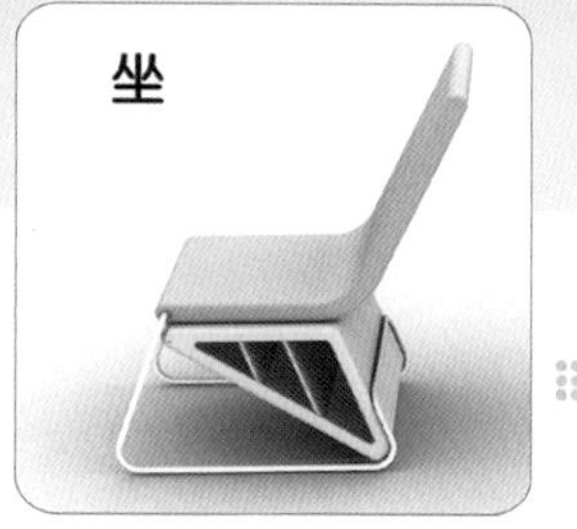

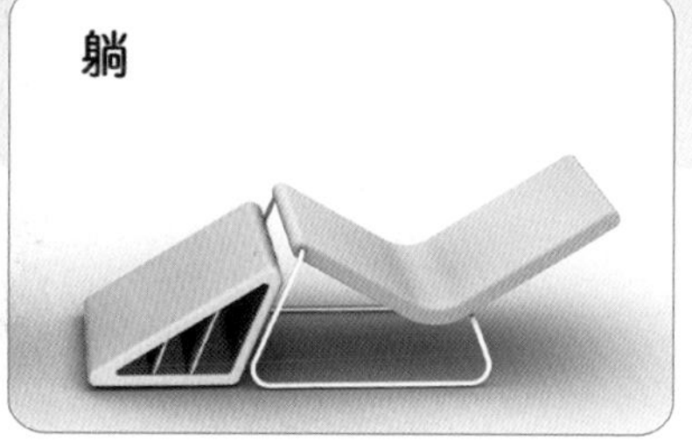

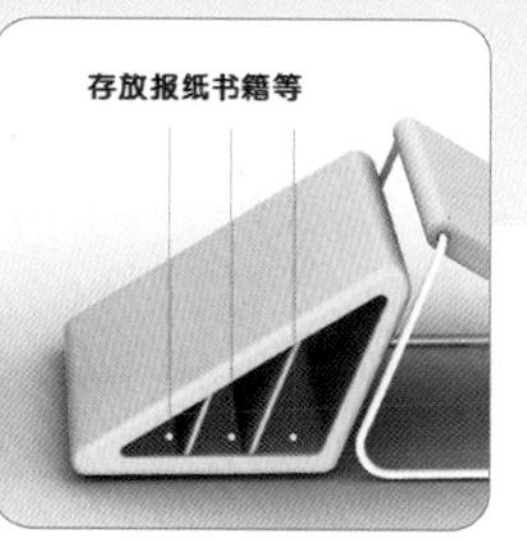

DIY 坐&躺椅系列设计

设计：余森林
时间：2004年
奖项：深圳第六届家具设计大赛一等奖

人坐累了就想躺着休息，本设计同时解决了“坐”和“躺”的问题，既有 DIY 的乐趣，又节约了空间。

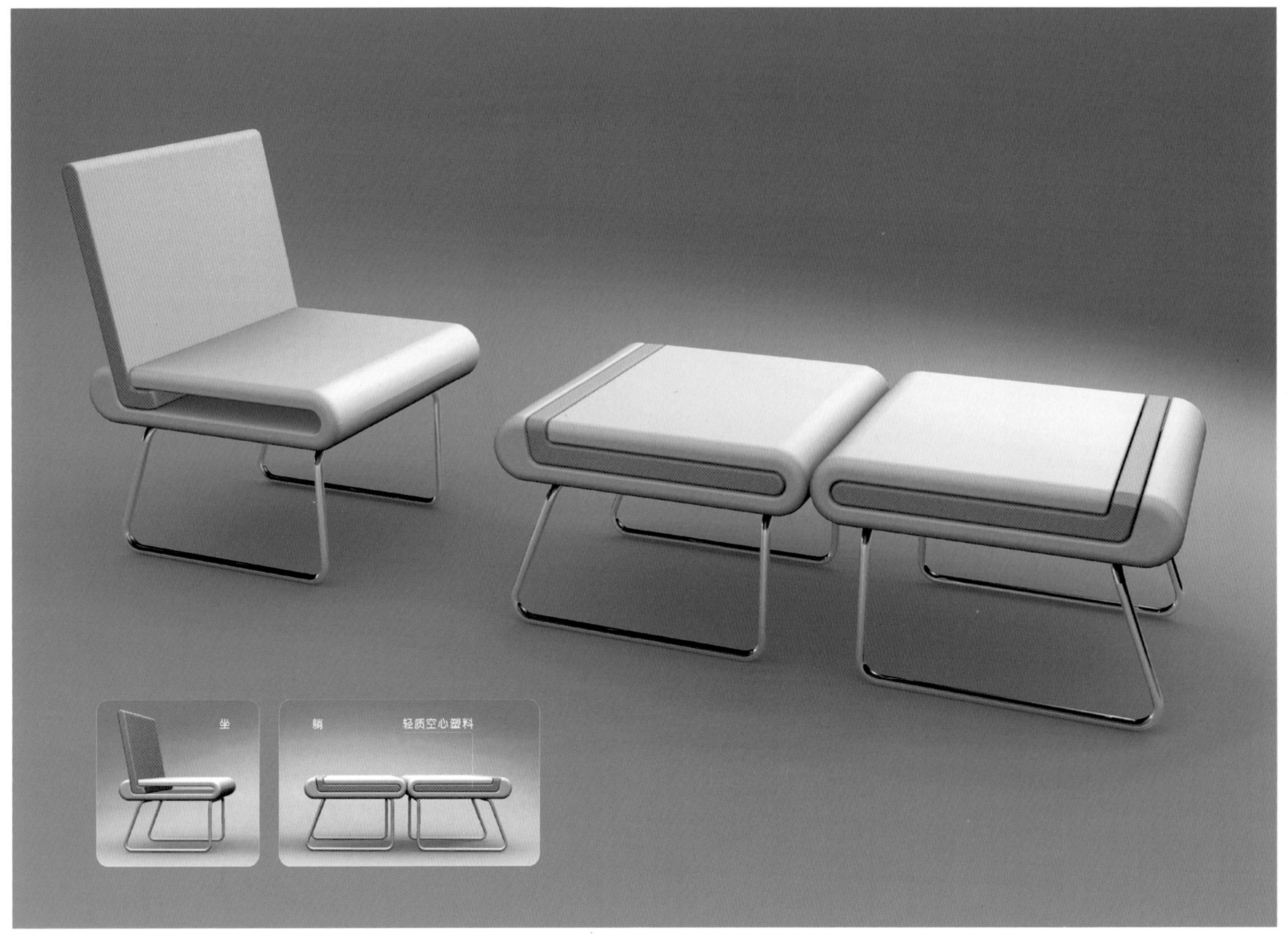

张文宇

1987年7月生于大连。
日产中国设计中心高级设计师。

2010年毕业于清华大学美术学院工业设计系交通工具设计专业，获得学士学位，同年进入日产中国设计中心担任造型设计师。
2010年毕业至今参与和主导多款日产，英菲尼迪全球车型的设计，参与主导日产2013年上海车展全球首发概念车Friend—ME以及2014年北京车展全球首发概念车LANNIA外观造型设计，并有参与主导设计的量产车在未来即将投放生产。

设计作品在车展上与业内广受好评，并荣获多项造型专利。

Nissan Friend-ME concept

设计：张文宇
时间：2012年

Friend-ME概念车是日产汽车2013年上海车展推出的一款全新概念车。为即将成为全球最大消费群体的中国年轻人的梦想而打造。

Nissan Lannia concept 蓝鸟·印象

设计：张文宇
客户：日产汽车
时间：2013年

“蓝鸟·印象”是日产汽车2014年北京车展推出的一款概念车。是日产汽车立足中国市场打造的第一款全球车型，整车展现出与众不同的未来科技感和时尚激情。

单　峰

1984年生于河北唐山。
2007年毕业于湖南科技大学工业设计系获学士学位。
2010年毕业于清华大学美术学院工业设计系获硕士学位。
2010年加入A-one设计工作室，自此开始在设计征途上的打拼。

2009年主导开发了电视剧《摩登新人类》和《金牌服务生》周边产品设计。
2011年作为主创之一参与人民大会堂主会议厅照明灯具设计。
2012年作为主创之一参与国家体育总局训练局乒乓球馆照明灯具设计。
2012年作品GRAD滑动控制灯荣获中国创新设计红星原创奖银奖。
2012年作品ONEPLUG可单手拔出的插头荣获中国创新设计红星原创奖银奖。
2014年主导开发网络热剧《万万没想到》人物卡通形象设计。
2014年创立“不良制品”原创品牌。

ONEPLUG可单手拔出插头

设计：单峰
时间：2012年
奖项：2012中国创新设计红星原创奖，银奖。

ONEPLUG是一款可以用单手拔出的插头。利用一个伸出机构，以插座为支点，通过两个手指“捏”的简单动作，将插头拔出。由于伸出机构具有弹性，所以动作完成以后，它会自动复位。ONEPLUG追求的是“一只手，一个动作”的便捷性。某些通过插座来解决这类问题的设计，需要先操作插座，再拾取插头。相比之下，本设计把操作直接转移到插头上，这样“拔出”和“拾取”插头的动作一气呵成。

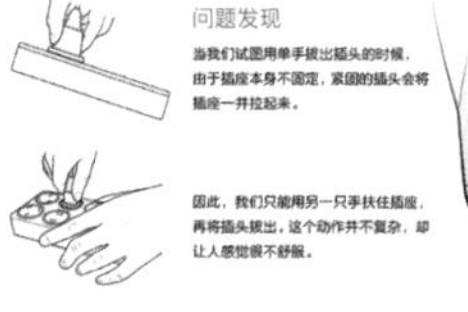

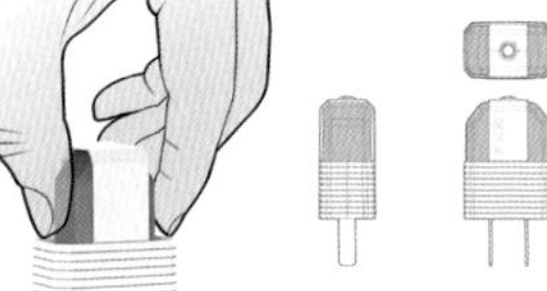

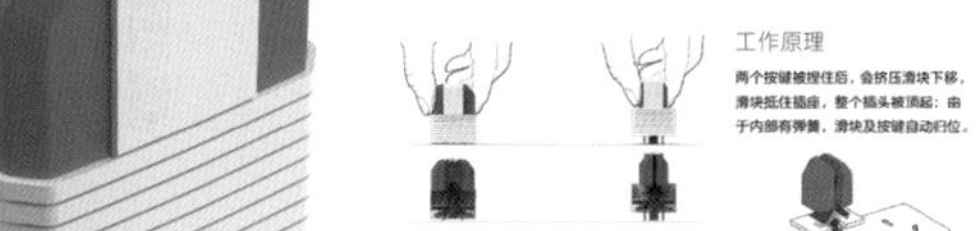

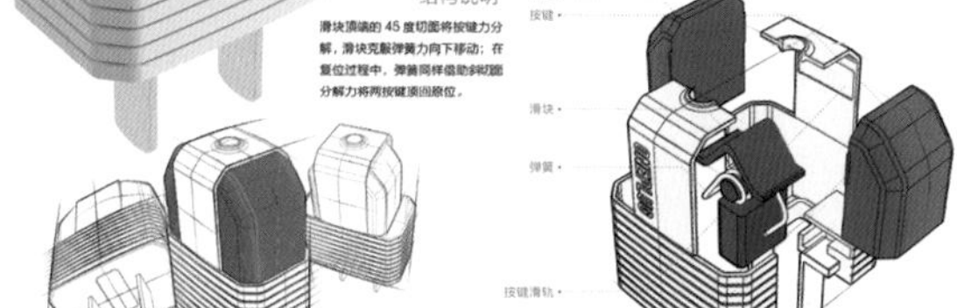

GRAD滑动控制灯

设计：单峰
时间：2012年
奖项：2012中国创新设计红星原创奖，银奖

GRAD是一款有着全新控制方式的LED台灯。只需用手拖动滑块，移动到哪里，灯就亮到哪里，整条灯带就随着滑块位置的变化而变化。这种操作方式为使用者带来了全新的控制体验，就像是人的手直接抓着光在移动，而不是远程地用一个按钮在遥控。

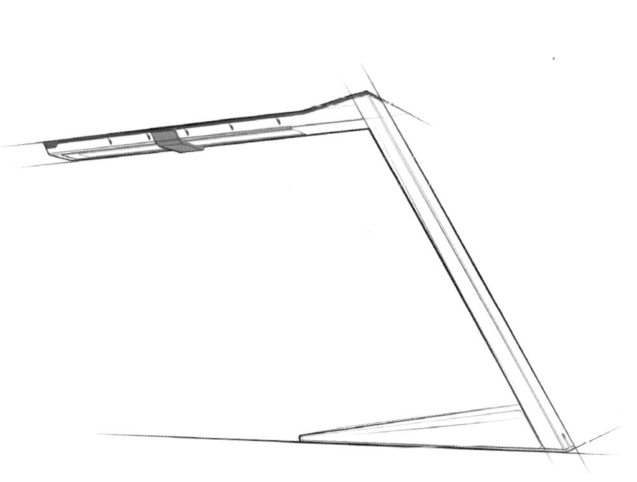

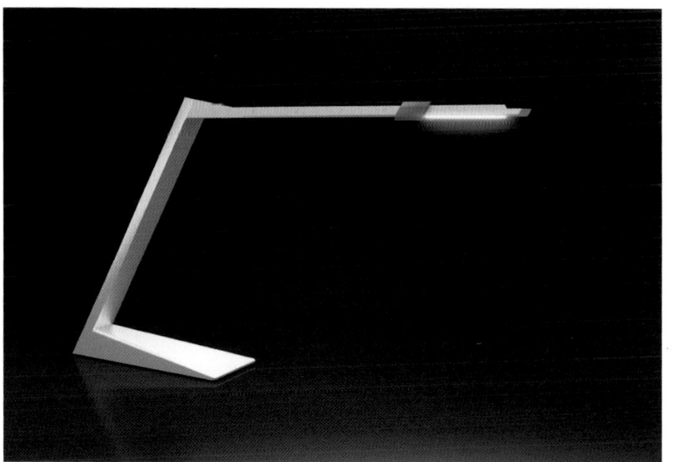

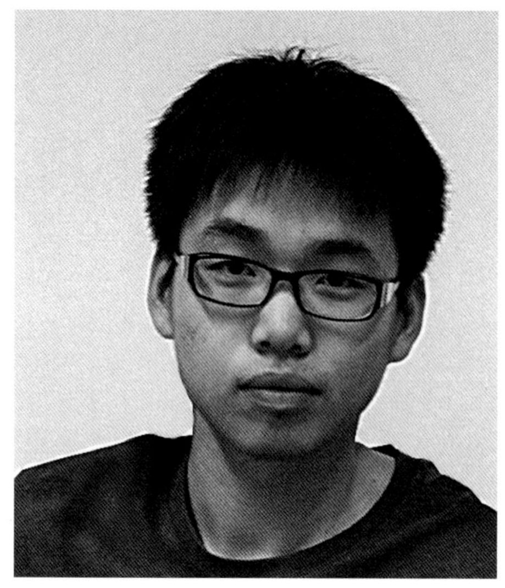

王林江

2011年清华大学美术学院工业设计系毕业。

2010年比亚迪创意中心。
2011年至今，LG电子（中国）研究开发中心，负责LG电子家电和电子产品开发与设计，主要参与项目包括：微波炉、吸尘器、空调、冰箱、洗衣机等产品的开发，以及对中国市场和中国用户研究、中国文化和中国地域文化的调研与研究。
参与设计开发产品获得红星奖、KDSD奖等。

LG K5000系列对开门冰箱

设计：王林江
时间：2013年
奖项：KSDS special prize

该冰箱专为中国打造，超大触屏，吧台设计，取用酒水饮料更便捷。全新流线型把手开启更舒适，速冻食品专属空间，为兼顾南北饮食而创，独立空间构造，可将汤圆、水饺分类存放，保鲜不串味。蛋类食品抽屉式管理，超大容量，一次性储藏足量鸡蛋，大大满足您的需求。抽屉式空间，方便分类存储。锁定式设计，避免冷气流出，长期冷冻不串味。独特技术能为果蔬添加水气，让果蔬水分不流失的同时，更充分保留其营养成分。

李　宁

2007~2009年北京心觉工业设计有限责任公司设计总监。

主导设计的产品包括家电类，医疗类，商务设备设备类等产品，并多次获得中国工业设计红星奖，2008年设计了北京奥运会颁奖台、颁奖托盘一系列产品，最终颁奖托盘方案中标投产。

2010~2013年考入清华大学美术学院工业设计系 硕士研究生，师从蒋红斌老师。

研究方向为认知科学与参数化设计有机结合。读研期间参与设计参与中国时速500公里、350公里动车组车头造型设计，其中一款中标。

2013创立珊瑚设计品牌。

主要应用计算机辅助设计（参数化设计）和3D打印技术结合，探索一种新的设计语言并赋予产品全新的视觉及使用体验，走在产品设计的最前。

2013~2014年在李宁（中国）体育用品有限公司任鞋设计中心设计师，负责参数化设计结合3D打印技术在鞋设计上的应用探索。

珊瑚设计潜意识系列作品

设计：李宁

《潜意识》系列戒指和手镯主要应用计算机辅助设计（参数化设计）和3D打印技术结合，探索一种新的设计语言并赋予产品全新的视觉及使用体验，来打动人的潜意识。

珊瑚设计在最开始，希望从自然的语言中寻找视觉与情绪的规律，大自然只需要少数几条规律，就能够为遇到的所有可能性创建设计。

彭 露

2011年清华大学美术学院工业设计系硕士毕业，师从左恒峰副教授。

在校期间曾代表清华大学赴澳门大学、香港浸会大学进行短期交流，参与国家重点项目（批准号11AH006）“设计艺术中的CMF知识体系和数据库框架研究”，清华波音合作项目“飞机客舱色彩材料及表面装饰（CMF）研究与创新”，获得三项实用新型专利及一项外观专利。曾获得“北京市普通高等学校优秀毕业生”、清华大学优秀硕士学位论文，及清华大学美术学院优秀毕业作品。

现就职于中国商飞上海飞机客户服务有限公司工业设计所，主要从事民用飞机客舱工业设计相关标准的整理、汇编和制定，民用飞机舱内CMF实体样品库的筹备，以及民机客舱色彩、材料、表面装饰的研究和设计。

[X+C]快速干衣机

设计：彭露、杨曦、李志仲
时间：2013年

这是一款多功能的简洁快速干衣机，以“X”形交叉支杆及双“C”形铝合金管作为结构骨架，以半透明EVA膜作为外罩，X形铝合金骨架能够减少很多不必要的链接；C型钢管成型所采用的折弯工艺简单，成本低廉，结构稳定，用双C结构铝合金管形成骨架，不同于市面上各种长短管材和连接件，本产品仅需要六个部件，快速插接完成，且可快速折叠。底部的干衣机设有活性炭网，同时扇形排风增大表面积，两侧开口通风形成快速空气循环，本干衣机还有效控制成本，完全是最普通老百姓可负担的实用产品。

PL-PEACE飞机内饰设计

设计：彭露
指导老师：左恒峰
时间：2014年
奖项：2014届清华大学美术学院优秀毕业作品

以往的飞机内饰设计，大多关注于工程领域，很少关注人。本设计则以CMF（色彩、材料、表面装饰）作为切入点，围绕着人在生理、心理、情绪、文化等多重方面。

通过CMF在机舱内的艺术创新和设计应用提升飞行体验，打造“高度舒适的空中之旅”。流畅的曲面，互补的饱满形态，柔和的色彩搭配，表达出亲和、圆润、柔顺、安静、温和的设计语言，既保证乘客的人机工学舒适度要求，又提供一定的私密性，传递出科技温情。

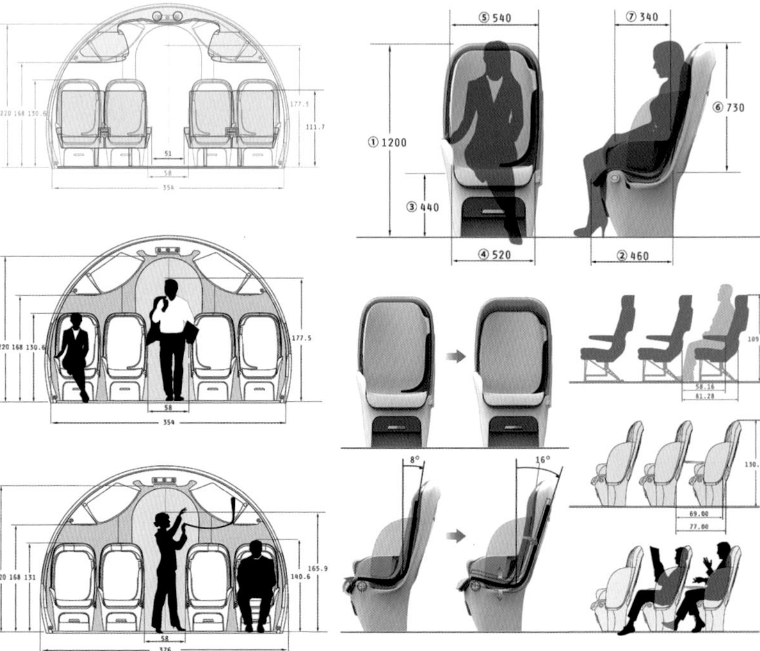

吴雨练

2011年清华大学美术学院工业设计系交通工具设计学生，
攻读硕士学位，师从张雷老师。

曾获得CarDesignAward 2013中国汽车设计大赛概念奢华设计金奖以及最佳外造型设计入围奖等各种国际国内专业比赛奖项（与本院本科毕业生刘可风共同完成）

在校期间获得袁运甫奖学金、张仃励学金等各项奖学金。

同时，还利用课余时间参加IXDC国际积极心理学大会等国际会议的志愿者工作。

刘可风

2014年清华大学美术学院工业系交通工具设计专业毕业。
现为瑞典Umea Institute of Design的研究生。

我热爱汽车，也热爱我的专业。
在我看来，能把自己的兴趣转变为自己的专业是一件很幸福的事。
2012年在校期间，我与蒙超等一同参与if设计奖的竞赛。
2013年与学长吴雨练一同完成了CarDesignAward2013的汽车设计比赛，并获得最佳奢华概念奖。
2013年暑假，在上海通用泛亚DES部门进行暑期实习。
2014年，我的毕业设计“未来梅赛德斯奔驰轿跑车内饰设计”获得清华大学美术学院优秀毕业设计称号。

香都

设计：刘可风、吴雨练
时间：2013年
奖项：CDN中国汽车设计大赛概念奢华设计金奖
　　　CDN中国汽车设计大赛最佳外造型设计决赛

《香都》是一款采用中国传统哲学中“水”的概念，诠释东方精神奢华体验，面向高收入人群的豪华轿车设计。

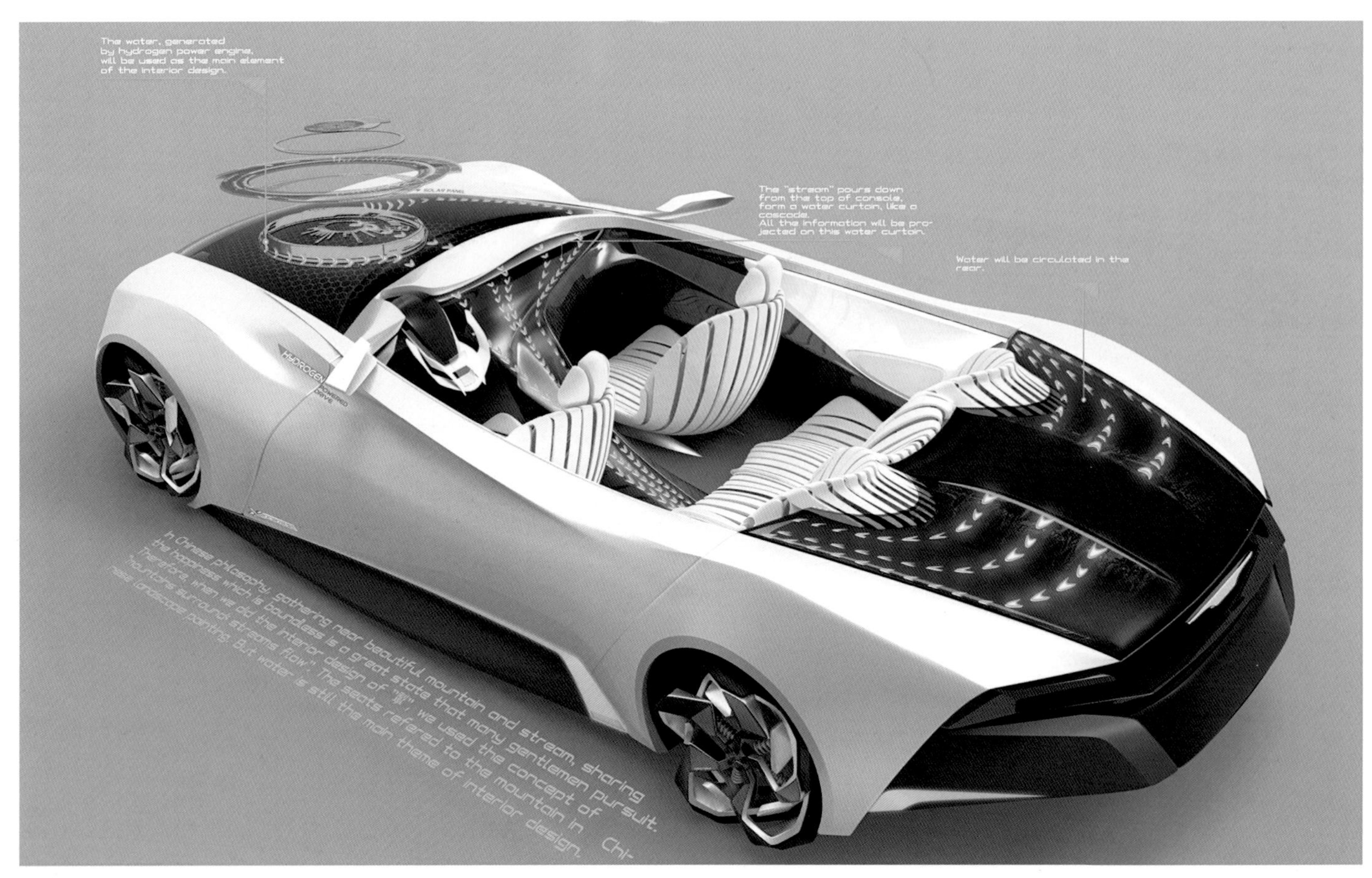